普通高等教育"十四五"规划教材

经济视角下
垃圾分类与资源化利用

刘雪飞　吕健伟　韩宝军　主编

中国环境出版集团·北京

图书在版编目（CIP）数据

经济视角下垃圾分类与资源化利用 / 刘雪飞，吕健伟，韩宝军主编 . —北京：中国环境出版集团，2021.7

普通高等教育"十四五"规划教材

ISBN 978-7-5111-4801-8

Ⅰ.①经… Ⅱ.①刘… ②吕… ③韩… Ⅲ.①生活废物—垃圾处理—资源利用—高等学校—教材 Ⅳ.① X799.305

中国版本图书馆 CIP 数据核字（2021）第 150902 号

出 版 人	武德凯
责任编辑	宾银平
责任校对	任　丽
封面设计	彭　杉

出版发行　中国环境出版集团
　　　　　（100062　北京市东城区广渠门内大街 16 号）
　　　　　网　　　址：http://www.cesp.com.cn.
　　　　　电子邮箱：bjgl@cesp.com.cn.
　　　　　联系电话：010-67112765（编辑管理部）
　　　　　　　　　　010-67112739（第二分社）
　　　　　发行热线：010-67125803，010-67113405（传真）

印　　刷	北京市联华印刷厂
经　　销	各地新华书店
版　　次	2021 年 7 月第 1 版
印　　次	2021 年 7 月第 1 次印刷
开　　本	787×960　1/16
印　　张	7.75
字　　数	100 千字
定　　价	32.00 元

前　言

随着国家经济和城市化的快速发展，垃圾产生量迅速增加，生态环境也遭到了严重破坏。自 2016 年习近平总书记在中央财经领导小组第十四次会议上指出"普遍推行垃圾分类制度，关系 13 亿多人生活环境的改善，关系垃圾能不能减量化、资源化、无害化处理"以来，我国加速推行垃圾分类制度，全国垃圾分类工作由点到面，逐步启动。随着垃圾分类工作的有序开展，值得注意的是，无论是垃圾分类管理政策目标的制定、政策手段的选择，还是在此过程中的环境污染分析，都需要充分利用经济学的相关原理加以判断和分析。因此，如何利用经济手段促进垃圾分类的顺利实施，成为促进可持续发展的重要研究内容。

本书主要梳理了与垃圾分类及资源化利用相关的经济理论，从经济视角论述了开展垃圾分类工作的理论支撑、政策实施以及实践策略选择。除导言外，全书分为 8 章：第 1 章主要对固体废物和生活垃圾以及垃圾分类的概念作出界定，并对中国生活垃圾处理处置和垃圾分类工作的开展情况进行简要概述；第 2 章着重论述了垃圾分类的传统经济理论基础及其局限性；第 3 ~ 第 5 章则分别从循环经济、制度经济以及行为经济角度探讨了其对垃圾分类工作的理论支持及具体实践指导；第 6 章对垃圾分类与资源化利用进行了经济环境分析；第 7 章总结了生活垃圾管理的经济政策；第 8 章则针对中国垃圾分类回收所面临的具体问题，从政府、企业以及居民的层面提出垃圾分类回收与资源化利用建议。

本书通过经济理论的系统阐述和垃圾分类案例的具体分析，在现有研究基础上，立足中国国情，借鉴国内外理论成果和实践经验，运用经济学理论方法对中国垃圾分类进行深入分析，并试图构建垃圾分类＋经济管理组合政策，以期为中国城市生活垃圾的有效管理提供相应参考。希望本书能为相关领域的科研机构、高等院校师生提供借鉴，也希望本书可为垃圾分类与资源化利用等实际工作部门的决策者、管理者提供参考。

　　由于撰写时间仓促，本书提出的诸多论点仍需在实践中进一步经受检验，存在的不足之处恳请各位读者批评指正。

编　者

2021 年 4 月

目　录

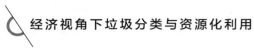

导言：经济学与垃圾分类及资源化利用

1 垃圾分类与资源化利用发展背景

人们在日常生产生活中，不可避免地会产生垃圾。长久以来，人们对垃圾的处理方式大多是倾倒和露天填埋。在消费水平有限的时期，垃圾产生量有限，可由自然净化降解，从而不会暴露环境危害。然而随着人口的激增，人们生活水平大幅度提升，城市生活垃圾的排放量也大量增加。目前，中国作为世界第二大经济体，综合实力与日俱增，城市化水平不断提高，城市生活垃圾产生量也快速增长。2019 年，全国 196 个大、中城市生活垃圾产生量达到近 2.36 亿 t[①]，2/3 的城市处于垃圾包围之中，1/4 的城市已经没有堆放垃圾的合适场所[②]。

生活垃圾是指在日常生活中或者为日常生活提供服务的活动中产生的固体废物，以及法律、行政法规规定视为生活垃圾的固体废物，主要包括居民生活垃圾、集市贸易与商业垃圾、公共场所垃圾、街道清扫垃圾以及企事业单位垃圾。生活垃圾的不当处理处置对环境的破坏具有潜在性和不可逆转性。生活垃圾主要以固态形式存在，相较于气态或者液态的废弃物，

---

① 数据来源：生态环境部 . 2020 年全国大、中城市固体废物污染环境防治年报 ［EB/OL］.（2020-12-28）. http://www.mee.gov.cn/ywgz/gtfwyhxpgl/gtfw/202012/P020201228557295103367.pdf。

② 数据来源：刘四建 . 明确垃圾产生者的责任 ［J］. 中国环境报，2020-01-13。

更加稳定且不易流动，因此生活垃圾对环境的破坏显得非常缓慢而不易察觉。生活垃圾会污染大气、水和土壤，影响城市面貌，甚至传播疾病，对居民的身体健康构成威胁。因此，加大垃圾处理处置力度迫在眉睫。垃圾分类是垃圾处理处置中较为有效的方式。

在探索生活垃圾分类方面，一些国家已经走在前列。目前，国际上通行的解决生活垃圾问题的原则是减量化、资源化和无害化，并把垃圾处理作为一项系统化工程来运作。美国的垃圾分类已实现城镇全覆盖，日本将垃圾分类精细化做到极致，新加坡采取垃圾源头治理与回收利用并举的方式，德国的垃圾分类重视立法更注重执法，比利时的垃圾分类是家庭的必修课。垃圾分类是当下中国生态环境保护事业发展的重点工作之一，也是解决环境污染问题、资源再利用困难的有效途径。

居民是生活垃圾的产生者和垃圾分类的主要操作者，其垃圾分类行为决定着垃圾分类收集政策的效果。当前中国垃圾减量化的政策目标日益受到重视，而垃圾分类是实现减量化的必要途径。近年来，中国正加速推进垃圾分类工作。政府、学校、企业一直在关注、研究和推动垃圾分类，中央更是坚持从制度方面解决垃圾分类问题。2016 年 12 月，习近平总书记在主持召开中央财经领导小组会议时强调，普遍推行垃圾分类制度，要加快建立分类投放、分类收集、分类运输、分类处理的垃圾处理系统，形成以法治为基础、政府推动、全民参与、城乡统筹、因地制宜的垃圾分类制度，努力扩大垃圾分类制度覆盖范围。习近平总书记还多次实地了解基层垃圾分类工作开展情况，并提出明确要求。2019 年 6 月，习近平总书记对垃圾分类工作作出重要指示，他强调，实行垃圾分类，关系广大人民群众生活环境，关系节约使用资源，也是社会文明水平的一个重要体现。

近年来，中国加速推行垃圾分类制度，全国垃圾分类工作由点到面，逐步启动。根据《"十三五"全国城镇生活垃圾无害化处理设施建设规划》的要求，我国要建立与生活垃圾分类、回收利用和无害化处理等相衔接的收运体系。2017年3月，国家发展改革委、住建部联合发布《生活垃圾分类制度实施方案》，要求在直辖市、省会城市、计划单列市和部分地级市，共46个城市先行实施生活垃圾强制分类。2018年6月，国家发展改革委发布《关于创新和完善促进绿色发展价格机制的意见》，要求全面建立覆盖成本并合理盈利的固体废物处理收费机制，加快建立有利于促进垃圾分类和减量化、资源化、无害化处理的激励约束机制。在此之后的其他各类文件中，也陆续提到了研究制定固体废物收费制度的目标。这意味着，在鼓励、试点、强制等手段之后，未来垃圾分类或将进入收费时代。

2 垃圾分类与资源化利用实施意义

垃圾分类不是小事，它不仅是基本的民生问题，也是生态文明建设的题中应有之义。近年来，随着经济社会发展和物质消费水平的大幅提高，中国垃圾产生量迅速增长，不仅造成资源浪费，也使环境隐患日益突出，成为经济社会持续健康发展的制约因素和人民群众反映强烈的突出问题。遵循减量化、资源化、无害化原则，实施垃圾分类处理，引导人们形成绿色发展方式和生活方式，可以有效改善城乡环境，促进资源回收利用，也有利于国民素质提升和社会进步。

（1）环境意义：实行垃圾分类有利于改善生态环境

随着我国经济的快速发展，人们在生产和生活中产生的固体废物越来越多。这些垃圾排放量大、成分复杂多样，有的垃圾有明显的污染性。传统的垃圾处理方式以填埋为主，占用大量土地，并可能导致蝇虫乱飞、污水四溢、臭气熏天、地下水受污染等严重的环境问题。

垃圾分类是一项长期和全面性的现代化垃圾处理方式，其按照一定规定或标准将垃圾进行分类，并区别对待，从而实现垃圾分门别类地投放、收集、清运、处理，使部分垃圾重新变成可以利用的资源。通过垃圾分类，一方面可以减少传统垃圾收集处置方式的处理量，减少存放垃圾占用的宝贵土地；另一方面可以对不同类别的垃圾进行精准处置，减少多种类别垃圾混合堆放对生态环境产生的危害，有利于改善生态环境。

（2）经济意义：实行垃圾分类有利于节约资源，产生经济效益

人们在生产生活中产生的某些垃圾如金属制品、玻璃制品、废旧书刊杂志、纸箱包装等，都是可以回收再利用的。而这些材料的循环重复使用，可以大大减少对矿产、林木等的消耗，其中对非可再生资源的节约作用尤其明显。

生活垃圾中富含大量热值较高的有机可燃废弃物。据测算，焚烧 2 t 垃圾产生的热能与焚烧 1 t 煤产生的热能相当。20 世纪 80 年代以来，许多国家都采用和改进了垃圾焚烧发电技术，如采用高效的高压锅炉，该技术可使 1 t 蔗渣产生约 70 kW 的电力。此外，还可以将城镇生活垃圾进行厌氧消化来制造沼气，将城市排放的有机废物用作沼气发酵原料，产气量相当可观。

随着固体废物处理技术的发展，生活垃圾利用方式越来越多。例如，废轮胎规范热解可产生四种产品：废橡胶油、炭黑、废钢丝、不凝可燃气体。其中，废橡胶油可用于发电、取暖、船用；废钢丝可用于抛丸；不凝可燃气体可用于维持处理设备自身运转。此外，近些年来以秸秆气化技术

为代表的生物质处理技术发展迅速。秸秆气化集中供气技术是以农村丰富的秸秆为原料，经过热解和还原反应后可生成可燃性气体，目前该项技术已经在垃圾处置方面运用。

（3）社会意义：实行垃圾分类有利于推动社会进步

2018年11月，习近平总书记在上海考察时强调，垃圾分类就是新时尚。推动垃圾分类既是对生态环境负责，也是对子孙后代负责。因此，垃圾分类与资源化利用工作不仅是一项环保工程，更是一项民生工程。

一方面，实行垃圾分类与资源化利用，通过有效的分类投放、清运和回收，可以改善垃圾产量增多、居民生活环境状况恶化等局面，从源头上保护生态环境，提高居民生存环境质量，以此造福全民；另一方面，垃圾分类与资源化利用的推进，也将使广大人民群众参与其中，承担起自己的生态责任，自觉成为垃圾分类的践行者、宣讲者。从身边的小事做起，从改变自己的习惯做起，全社会即将出现一番人人参与垃圾分类的新气象。广大人民群众一起为改善生活环境努力，一起为绿色发展、可持续发展作贡献，牢固树立起生态文明建设理念。

3 研究进展

（1）国外

在城市化过程中，垃圾的处理尤其是生活垃圾的处理成了世界性课题。各国都在研究，以期能够获得最优解决方案。近年来，国外针对垃圾分类政策方面的研究日益丰富，主要涉及垃圾处理法律体系和制度、垃圾分类回收处理技术、垃圾分类管理制度、垃圾分类治理主体等方面。在探究垃圾处理法律体系和制度方面，发达国家如德国、日本等都通过立法明确实施废弃物的再循环利用。1994 年，德国制定了《循环经济与废弃物管理法》，主张"源头预防"以防治垃圾污染。日本则于 1970 年出台了现行的《废弃物处理法》①，1991 年进一步颁布实施了《资源再生利用促进法》，并于2000 年将其修订为《资源有效利用促进法》②，日本一直致力于建立和完善循环经济法律体系。

在探究垃圾分类回收处理技术方面，Eriksson 等以经济环境成本、生态环境效益、能源成本的消耗量为指标，对垃圾的混合焚烧处理、生物处理和分类处理三种方式进行了比较，最后指出降低垃圾的填埋量和提高可循环使用的垃圾量能够最大限度地保护环境、节约资源[1]。

在探究垃圾分类管理制度方面，威廉·拉什杰（William Rathje）和库伦·默菲（Cullen Murphy）提出了"垃圾十诫"的命题。他们将垃圾视为"洪流"，指出垃圾分类是解决问题的关键[2]。Barr 研究了生活垃圾分类回收的影响因素，指出政府制订分类回收计划的重要性[3]。保罗·R.伯特尼等则针对美国治理环境的相关政策，对美国新出台的固体废物处理政策进行了研究，指出美国的环境保护政策以市场为基础，以政府为主导力量，为研究垃圾分类提供了新思路[4]。廖红等编著的《美国环境管理的历史与发展》，分析了美国治理环境问题的市场化改革路径，对美国的环境保护法、国家政策以及政府体制的改革进行了全方位的研究[5]。

在探究垃圾分类治理主体方面，Post 等提出，多种主体参与垃圾治理能

---

① 张梦玥. 日本《废弃物处理法》对我国城市生活垃圾分类立法的启示［J］. 再生资源与循环经济，2020，13（3）：40-44.

② 郭廷杰. 日本《资源有效利用促进法》的实施［J］. 中国环保产业，2003（9）：36-38.

够形成广泛的覆盖率，提高垃圾回收利用率，从而减少政府的财政压力[6]。Buenrostro 研究了墨西哥城市的公共卫生系统，指出垃圾处理政策的制定需要各社会团体的多元化参与，从而确保政策的有效执行[7]。

（2）国内

中国对城市生活垃圾的管理始于 20 世纪 90 年代，相比西方国家起步较晚。随后，城市生活垃圾分类逐渐受到政府关注，各地先后出台相关法律法规来规范垃圾管理，国内许多专家学者也以垃圾分类为主题进行了研究。

在垃圾分类管理机制方面，王建明基于对环境经济政策的理论与实践的回顾，提出了三类环境经济政策：垃圾按量收费、预收处理费用与循环回收补贴、押金返还制度[8]。李正升梳理了环境经济政策对城市生活垃圾管理的影响，强调有效管制城市生活垃圾的关键是建立最优的环境经济政策矩阵，并根据不同的发展情况协调使用不同的经济政策[9]。2012 年，吴宇指出，由于垃圾源头分类政策无法有效实施，中国的城市生活垃圾回收一直处于较低水平[10]。

不少学者在垃圾分类的法律规章方面进行了研究。李金惠梳理了国内外城市生活垃圾的情况，分析了理想化的垃圾管理模式，明确了法律手段在调控垃圾处理方面具有的重要作用[11]。仇永胜等指出，中国的垃圾分类工作在法律体系、政府监管、公众参与等方面还存在问题，总体城市垃圾分类状况并不乐观，需要依靠法治的力量进行调整和解决[12]。蒋冬梅等从政府、企业、居民个人等参与生活垃圾分类的主体之间的权利义务关系角度对各主体在垃圾分类活动中存在的问题进行了分析[13]。

除学者和专家对垃圾分类的法律制度方面进行的理论研究外，我国还出台了一系列法律文件，以期通过法律手段有效实现垃圾分类。例如，建设部颁布的《城市生活垃圾管理办法》（2007年）、国家发展改革委与住建部联合发布的《生活垃圾分类制度实施方案》（2017年）。地方性法规有《北京市生活垃圾管理条例》（2020年）、《深圳市生活垃圾分类管理条例》（2020年）、《南京市生活垃圾管理条例》（2020年）、《上海市生活垃圾管理条例》（2019年）、《广州市生活垃圾分类管理条例》（2018年）、《杭州市生活垃圾管理条例》（2019年）等。

在垃圾分类的公众参与现状研究方面，王树文等构建了三种公众参与城市生活垃圾管理的模型：公众诱导式参与模型、公众合作式参与模型与公众自主式参与模型，讨论了如何推动政府与公众合作，梳理了政府和公众在其中的职责[14]。吕维霞等分析了日本垃圾分类的经验，并提倡实现以公民参与为中心、社会各界全方位共同参与的垃圾分类协同机制[15]。张紧跟以广州市重启垃圾处理再决策为例，从邻避冲突、公共危机治理、公民参与、维权抗争等角度分析了地方垃圾处理参与式治理的趋向[16]。

在垃圾分类的市场化和产业化方面，朱凤霞等分析了我国在城市垃圾处理方面存在的资金与技术问题，并指出要加快实现垃圾处理产业化，政府要为之提供一定的制度保障，创造良好的投资和运营环境[17]。刘静等分析了我国垃圾处理行业的不足，建立了"收运—分类—处理—回收再利用"的城市垃圾处理发展模型，通过政府改革管理体制，实现垃圾处理行业产业化和市场化的健康发展[18]。王伟指出，要通过市场化措施来改善基础性的生活垃圾分类，达到资源配置的优化整合[19]。蒋建国指出，垃圾分类制度的推行应以政府引导为主、市场化为辅。政府需要为回收企业提供足够的支持，以保证垃圾分类回收的物质能始终有良好的出路[20]。

　　除此之外，也有很多学者分析借鉴了垃圾分类较为成功的国家和地区的分类方法，并提出了相应的对策。国外的经验总结，如刘梅分析了日本、德国、美国、比利时的垃圾分类做法[21]；杨帆等分析了英国、德国、日本等国的垃圾分类实践，提出了中国垃圾分类存在的主要问题与对策[22]；王莹等分析了美国的源头减量垃圾分类处理方法、英国的通过税收手段控制垃圾数量方法、日本的严格垃圾分类管理方法以及德国的市场化运营方式，指出城市生活垃圾管理是一项系统工程，需要政府、企业、居民三方各司其职、共同完成[23]。对于国内垃圾分类回收经验总结，如陈晓运等分析了广州市垃圾分类政策利用营销观念和策略来争取公众接纳的过程[24]；徐薇则分析了杭州市在社区生活垃圾分类方面充分利用社区居民参与，培育社会资本的成功案例[25]；姜建生等分析了深圳市垃圾分类减量化以及持续管理途径的成功实践[26]。

4　创新之处

　　目前国内在垃圾管理方面所涉及的研究范围日益广泛。随着研究工作的不断深入，研究方向正从对中国垃圾管理现状、存在问题与提出对策的综合论述，向更为具体的和可操作性强的专门讨论发展，并且在许多方面为今后的研究打下了坚实的基础。然而，当前针对垃圾减量化管理政策的现有文献中多为宏观性政策原则的讨论，缺乏具体的政策分析、系统的政策研究以及具有可操作性的政策选择，尤其是缺乏将垃圾分类政策和其他经济管理政策进行组合实施的研究，因此没有发挥出垃圾分类政策的最大效益。

同时，需要注意的是，现有文献从经济学角度对垃圾减量管理政策的研究非常薄弱和分散，涉及此方面的研究多偏重对各项经济政策的基本概念和国外应用情况的一般介绍，深入的理论研究、细致的政策分析和对中国适应性的讨论尚显不足。这就容易造成简单照搬国外经验，忽视政策本身的制度缺陷以及政策在中国实施的具体条件，从而影响政策的实施效果。相比国外，中国垃圾管理制度的建立起步较晚，各项垃圾减量经济政策的制定和实施都缺乏足够的实践经验，经济政策的应用也很有限。在这种背景下，我们应结合国情，对垃圾减量化管理政策的设计原则和实施路径进行系统化的分析[27]。因此，本书拟在现有研究基础上，立足中国国情，借鉴国内外理论成果和实践经验，运用经济学理论方法对中国垃圾分类进行深入分析，并试图构建垃圾分类＋经济管理的组合政策，为中国城市生活垃圾的有效管理提供参考。

第1章 固体废物和生活垃圾界定以及垃圾分类的发展概况

1.1 固体废物和生活垃圾

1.1.1 固体废物的含义与一般特征

根据《中华人民共和国固体废物污染环境防治法》，固体废物是指在生产、生活和其他活动中产生的丧失原有利用价值或者虽未丧失利用价值但被抛弃或者放弃的固态、半固态和置于容器中的气态的物品、物质以及法律、行政法规规定纳入固体废物管理的物品、物质。广义而言，废物按其形态可划分为气态、液态、固态3种。气态废物和液态废物常以污染物的形式存在于空气和水中，形成废气和废水。废气和废水应纳入大气环境和水环境管理体系进行管理，它们通常直接排入或经过处理后排入大气或水体中；不能排入大气的置于容器中的气态废物和不能排入水体的液态废物，由于多具有较大的危害性，而归入固体废物管理体系进行管理。因此，固体废物不仅仅是指固态和半固态物质，还包括部分气态和液态物质。

应当强调的是，固体废物的"废"具有时间和空间的相对性。例如，在某些生产过程或某些方面可能是暂时无使用价值的，但并非在其他生产过程或其他方面无使用价值；在经济技术落后国家或地区抛弃的废物，对

11

于经济技术发达的国家或地区而言可能是宝贵的资源；在当前经济技术条件下暂时无使用价值的废物，在循环利用技术发展后可能就是资源。因此，固体废物常被看作"放错地点的原料"。

我们将固体废物的一般特性归纳为以下几点：①无主性，即固体废物在丢弃以后，不再属于固体废物的产生者，也不再属于其他人（生产者延伸责任制体系框架下除外）；②分散性，固体废物分散在不同的地方，需进行收集；③危害性，对人类的生产和生活产生不利影响，对生态环境和人体健康造成不同程度的危害；④错位性，一个时空领域的废物是另外一个时空领域的可用资源。

1.1.2　固体废物的来源与分类

固体废物按其来源一般可分为生产过程中产生的固体废物和日常生活中产生的固体废物。生产过程中产生的固体废物通常分为矿业固体废物、工业固体废物和包含农林业、水产业等行业的其他固体废物。日常生活中产生的固体废物通常指生活垃圾。危险废物是指列入《国家危险废物名录》或者根据国家规定的危险废物鉴别标准和鉴别方法认定的具有危险特性的固体废物。它通常被单独划为一类，在生产和生活中都可能产生。具体分类见表1-1。

表1-1　固体废物分类、来源和主要组成

类别	来源	主要组成
矿业固体废物	矿山、选冶	废石、尾矿、金属、废木、砖瓦、水泥、砂石等
工业固体废物	能源煤炭工业	矿石、煤、炭、木料、金属、矸石、粉煤灰、炉渣等
	黑色冶金工业	金属、矿渣、模具、边角料、陶瓷、橡胶、塑料、烟尘、绝缘材料等

续表

类别	来源	主要组成
工业固体废物	化学工业	金属填料、陶瓷、沥青、化学药剂、油毡、石棉、烟道灰、涂料等
	石油化工工业	催化剂、沥青、还原剂、橡胶、炼制渣、塑料、纤维素等
	有色金属工业	化学药剂、废渣、赤泥、尾矿、炉渣、烟道灰、金属等
	交通运输、机械制造	涂料、木料、金属、橡胶、轮胎、塑料、陶瓷、边角料等
	轻工业	木质素、木料、金属填料、化学药剂、纸类、塑料、橡胶等
	建筑材料工业	金属、瓦、灰、石、陶瓷、塑料、橡胶、石膏、石棉、纤维素等
	纺织工业	棉、毛、纤维、塑料、橡胶、纺纱、金属等
	电器仪表工业	绝缘材料、金属、陶瓷、研磨料、玻璃、木材、塑料、化学药剂等
	食品加工工业	油脂、果蔬、五谷、蛋类食品、金属、塑料、玻璃、纸类、烟草等
	军工、核工业等	化学药物、一般非危险废物、含放射性废渣、同位素实验室废物、含放射性劳保用品等
生活垃圾	居民生活	饮料、食物、纸屑、编织品、庭院废物、塑料品、金属用品、煤炭渣、家用电器、家庭用具、人畜粪便、陶瓷用品、杂物等
	机关企事业单位	纸屑、园林垃圾、金属管道、烟灰渣、建筑材料、橡胶玻璃、办公杂品等
	公共场所	饮料、食物、纸屑、塑料品、金属用品、尘土、办公杂品等

续表

类别	来源	主要组成
危险废物*	卫生、化学药品制剂制造，生物药品制品制造，农药制造，木材加工，专用化学产品制造，金属表面处理及热处理加工，石油和天然气开采，精炼石油产品制造等	医疗废物、医药废物、农药废物、木材防腐剂废物、废有机溶剂与含有机溶剂废物、热处理含氰废物、废矿物油与含矿物油废物、精（蒸）馏残渣等
其他固体废物	农林业	秸秆、稻草、塑料、枯枝落叶、农药、畜禽粪便、污泥、畜禽类尸体等
	水产业	腐烂鱼虾贝类、水产加工污泥、塑料、畜禽尸体等

注：* 根据《国家危险废物名录（2021 年版）》整理所得。

1.1.3 生活垃圾[①] 的含义

生活垃圾是指在日常生活中或者为日常生活提供服务的活动中产生的固体废物，以及法律、行政法规规定视为生活垃圾的固体废物。生活垃圾是由居民家庭、城市商业、餐饮业、旅馆业、旅游业等，以及市政环卫系统、城市交通运输、文教机关团体、行政事业、工矿企业等单位所产生的固体废物，主要包括厨余物、废纸屑、废塑料、废橡胶制品、废编织物、废金属、玻璃陶瓷碎片、庭院废物、废旧家用电器、废旧家用家具器皿、废旧办公用品、废日杂用品、废建筑材料、给水排水污泥等。生活垃圾的

---

① 严格而言，生活垃圾除了包括城市生活垃圾，还包括农村生活垃圾。但因为城市常住人口数量多且密集，生活垃圾大多集中在城市，所以生活垃圾通常指城市生活垃圾。

组成、产生量及组分与当地居民生活水平、生活习性、季节气候、环境条件等因素有密切关系。

1.2　中国生活垃圾处理处置的发展概况

1.2.1　生活垃圾的产生和清运

垃圾是指人们在对产品和服务的消费中或消费后形成的废物。废物产生后，其中一部分可以通过回收再次使用（如啤酒瓶等），或作为资源回收再加工利用（如废报纸等）从垃圾流中分离出去，余下的废弃物才作为真正的垃圾被排放，形成垃圾的排放量。垃圾的清运是指环卫部门对垃圾的收集和运输。在实际生活中，人们经常将垃圾的排放量作为垃圾的产生量看待。

随着人口增长与城镇化推进，中国生活垃圾产生量与清运量不断攀升。截至 2019 年年末，中国大陆总人口为 140 005 万人，其中城镇常住人口为 84 843 万人，占总人口比重为 60.6%，这给城镇生活垃圾的处理带来了极大的压力[28]。根据生态环境部公布的《2020 年全国大、中城市固体废物污染环境防治年报》，2019 年，196 个大、中城市生活垃圾产生量为 23 560.2 万 t，处理量为 23 487.2 万 t，处理率达 99.7%。在 196 个大、中城市中，城市生活垃圾产生量最大的城市是上海，产生量为 1 076.8 万 t，其次是北京、广州、重庆和深圳，产生量分别为 1 011.2 万 t、808.8 万 t、738.1 万 t 和 712.4 万 t。排名前 10 位的城市产生的城市生活垃圾总量为 6 987.1 万 t，约占 196 个大、中城市产生的城市生活垃圾总量的 29.7%[29]。

1.2.2 垃圾的处理与处置

（1）垃圾处理与处置的具体含义

垃圾收运后，没有得到回收利用的垃圾需进行专门的处理和处置。垃圾处理与垃圾处置是不同的概念。垃圾的处理是指通过各种方法将垃圾转化为符合环保要求的某种物质或能量形式的过程。例如，通过破碎、分选，垃圾得到物理处理；通过焚烧，垃圾得到化学处理；通过堆肥，垃圾得到生物处理等。根据《中华人民共和国固体废物污染环境防治法》，处置是指将固体废物焚烧和用其他改变固体废物的物理、化学、生物特性的方法，达到减少已产生的固体废物数量、缩小固体废物体积、减少或者消除其危险成分的活动，或者将固体废物最终置于符合环境保护规定要求的填埋场的活动。由此可见，处置的定义包含两方面的内容：一是对垃圾的处理；二是对垃圾的最终处置。

在实际应用中，一方面，垃圾经过处理后仍然会有残余物需要得到最终处置，如焚烧和堆肥后的残余物的处置；另一方面，有些垃圾的处置过程也包含对垃圾的处理，如采取污染防治措施对垃圾实行卫生填埋。由此可见，垃圾的处理与处置既有区别又有联系。

（2）垃圾的处理处置方式

目前，各国处理处置城市生活垃圾的基本方法主要有填埋、堆肥和焚烧 3 种。

填埋作为城市生活垃圾的最终处置手段，是应用最广泛的一项技术，它是从传统的废物堆填发展起来的。将垃圾埋入地下可以防止散发恶臭，蚊蝇滋生，并使垃圾得到逐渐的降解。早在公元前 2850—公元前 1450 年米诺斯文明时期，克里特岛的首府克诺索斯就曾把垃圾填入低凹的大坑中，并进行分层覆土，这是垃圾填埋技术的雏形。近代，第一个城市垃圾填埋场是于1904年在美国伊利诺伊州的香潘市建成的。由于传统的填埋方式会产生渗沥液和填埋气体，造成水体、土壤、大气污染，因此现代的填埋技术大多包括防渗系统、集排水系统、导气系统和覆盖系统，称为卫生填埋。值得注意的是，垃圾填埋所产生的填埋气体含有大量的甲烷、二氧化碳和少量氧气。甲烷是一种利用价值较高的清洁能源，在填埋过程中对其加以控制和利用，已成为垃圾卫生填埋技术的重要组成部分和发展趋势[①]。

堆肥是指人们利用自然界广泛存在的微生物，有控制地促进可降解有机物向稳定的腐殖质转化的生物化学过程。堆肥技术具有悠久的历史，早在几千年前，人类就开始在农业生产中使用。人们将秸秆、落叶、杂草、人畜粪便混合堆积，经过一段时间的发酵，人们将发酵后的产物作为肥料使用，至今这种技术仍在许多地区应用。进入20世纪后，堆肥技术开始用于城市生活垃圾的处理。1920年，英国人Howard在印度首先提出了当时称为"印多尔法"的堆肥化技术。后来人们经过不断的实践和改进，到30年代末期，连续性机械化堆肥工艺设备开始得到广泛应用，堆肥法处理垃圾的技术逐步形成了现代化的生产方式与规模。70—80年代堆肥技术发展缓慢，主要原因是垃圾成分变得复杂，大量新出现的化学物质的加入降低了堆肥产品的质量，肥效不高，另外，玻璃、金属、塑料等废物残留，严重

---

① 资料来源：国家环境保护总局污染控制司.城市固体废物管理与处理处置技术［M］.北京：中国石化出版社，2000：237。

影响了堆肥产品的销路。90年代后，垃圾分类活动的开展、分选技术的提高、堆肥垃圾有机物来源的限定等，极大地改善了堆肥产品质量，使得堆肥技术又重新开始发挥其应有的作用。

焚烧法是对城市生活垃圾进行高温热化学处理的技术，将垃圾作为固体燃料送入炉膛内燃烧，在800~1 000℃的高温条件下，垃圾中的可燃组分与空气中的氧发生剧烈的化学反应，释放出热量并转化为高温的燃气和少量性质稳定的固体残渣。垃圾焚烧突出的优点是处理效率高，焚烧可以使垃圾体积减少80%~90%，残余物比较稳定，易于处理。最早的垃圾焚烧装置是19世纪70—80年代在英国和美国建成的。经过近百年的不断发展，20世纪70年代后，欧美发达国家已经广泛采用焚烧法来处理垃圾了。尤其吸引人的是，垃圾焚烧产生的高温气体可以回收利用，提供大量能源。若产生的热量大则可直接用于发电，热量小则用来加热水或产生蒸汽。然而，垃圾焚烧也是受到质疑最多的垃圾处理方法，特别是处理过程中产生的二次污染问题，经常成为人们抨击和指责的焦点。此外，焚烧设施一次性投资巨大，对垃圾构成的高热值要求也使垃圾焚烧受到限制。尽管如此，欧美发达国家垃圾焚烧厂的建设和发展仍在继续，一些发展中国家也将垃圾焚烧处理项目列入日程。

近年来出现了一些与传统的垃圾焚烧方式相关的专门化处理技术，如垃圾固体燃料化技术等。垃圾固体燃料化技术是指把垃圾加工成热值更高、更稳定的垃圾（衍生）燃料（refuse derived fuel，RDF）的处理方法。未经加工的垃圾本身虽可燃，但它的热值不高而且不稳定，还可能含有不适宜燃烧的成分，造成垃圾不能得到很好的处理，而且其产生的热能资源也不易回收。但如果在焚烧前，把垃圾进行适当的处理（分选、干燥、添加药剂、成型等），就可提高垃圾作为燃料的质量，也有利于储存和运输。

表 1-2 给出了以上 3 种垃圾处理处置方法的技术特点和经济特点。

表 1-2　3 种垃圾处理处置方法的技术特点和经济特点

项目	填埋	焚烧	堆肥
选址	较难，一般远离市区 10 km，还要考虑水文地质气候条件	较易，可靠近市区建设，但应避开主导上风	较易，可在市郊市区，但需要避开住宅密集区
占地	大，按容积与使用年限计算	小，90～120 m²/t	小，180～330 m²/t
适用条件	使用范围广，对垃圾成分无严格要求	垃圾平均低位热值大于 5 000 kJ/kg	垃圾中的有机物含量不低于 20%
工艺	工艺简单，管理方便	设备复杂	季节性运行
最终处理	无	残渣需作填埋处理，占初始量的 10%～25%	非堆肥物需作填埋处理，约占总量的 30%
资源利用	垃圾分选回收部分废品，填埋气收集，终场复垦再生土地资源	发电，供热，垃圾分选回收部分物资	作农肥，垃圾分选回收部分物资
大气污染	较小，填埋气体有污染，处置不当易爆炸	较大，烟气处置不当有一定污染	较小，有轻微气味
水污染	较大（渗沥液量大，达标难度大）	可能性较小	可能性较小
成本	较小（运行费低），约 30 元/t	较大，50～80 元/t	中等，约 40 元/t

除了填埋、焚烧和堆肥方式外，城市生活垃圾还可以用热解法处理[30]。热解法是利用垃圾中有机物的热不稳定性，在无氧或缺氧条件下对其进行加热蒸馏，使有机物产生热裂解，经冷凝后形成各种新的气体、液体和固体，从中提取燃料油和燃料气的过程。热解和焚烧是两种完全不同的垃圾处理方法。焚烧是放热过程，其产物主要是二氧化碳和水，焚烧产生的热能可以回收利用；热解则是大量吸热的过程，其产物主要是可燃的低分子

化合物。

美国是最早开发固体废物热解技术的国家，欧盟、加拿大、日本等发达国家和地区在 20 世纪 70—80 年代进行过大量实践并取得了一些经验。近年来，由于垃圾焚烧会产生二次污染，垃圾的热解处理，特别是垃圾中的纤维素物质（木材、家庭废物、农业废物等）、合成高分子（废橡胶、废塑料等）成为研究的热点，其中最典型的就是废塑料热解制油技术，已经受到人们广泛的关注。

统计数据显示，2009—2019 年，我国生活垃圾处理处置能力以及处理量不断提升。2009 年，我国生活垃圾无害化处理量为 11 220 万 t，生活垃圾无害化处理率为 71.4%，生活垃圾无害化处理能力为 35.61 万 t/d，有生活垃圾无害化处理厂 567 座。2019 年，我国生活垃圾无害化处理量为 24 013 万 t，生活垃圾无害化处理率达到 99.7%，生活垃圾无害化处理能力达到 86.99 万 t/d，有生活垃圾无害化处理厂 1 183 座[31]。填埋、焚烧和堆肥这 3 种垃圾处理方式在我国均有应用。从全国范围来看，填埋是主要的处理方式，堆肥和焚烧的比例较小。数据显示，2017 年我国生活垃圾无害化处理量达到 21 034 万 t，其中卫生填埋量为 12 037.6 万 t，占比 57.2%；焚烧量为 8 463.3 万 t，占比 40.2%；其他无害化处理量为 533.1 万 t，占比 2.5%。由于用地紧张和二次污染等问题的存在，尤其在中国东部等一些经济发达的省份，人口密度大且土地资源紧缺，填埋处理方式的发展已经遭遇了瓶颈[32]。

与传统的堆肥、填埋等处理方式相比，焚烧具有处理效率高、占地面积小、对环境影响相对较小等优点，更能满足城市生活垃圾处理减量化和无害化的要求，并且焚烧产生的热能还可以被再利用，实现垃圾的资源化利用，这些优势使得垃圾焚烧处理在近些年逐渐得到了较为迅速的应用与推广。垃圾焚烧场的数量从 2005 年的 67 座增长到 2017 年的 286 座，垃圾焚烧处理量由 2005 年的 791 万 t 增长到 2017 年的 8 463.3 万 t，焚烧处理率由 2005 年的 9.8% 上升到 2017 年的 40.2%。但与发达国家相比，我国的垃圾焚烧处理率仍然较低。瑞士垃圾焚烧处理率高达 80%，日本和丹麦分别为 73% 和 70%。未来在城镇化的不断推进和垃圾"无害化、减量化、资源化"的要求下，垃圾焚烧将是大势所趋。新增焚烧能力继续集中在东部沿海地区且项目平均规模相对较大，并逐步向中西部地区及二线、三线城市转移，但项目平均规模相对较小[33]。

1.3　垃圾分类的发展概况

1.3.1　垃圾分类的定义

垃圾分类是将垃圾转变成公共资源的一系列活动的总称，主要是根据废弃物的性质和处置方式将垃圾分为不同类别，然后按照种类进行存储、投放、清运。生活垃圾的构成多样而复杂，对其进行分类的目的在于提高其经济价值和资源价值，实现资源最优化利用。我国将城市生活垃圾分为 6 类①：①可回收物，包括纸类、塑料、金属、玻璃和织物等；②大件垃圾，包括废家用电器和家具等；③可堆肥垃圾，包括厨余垃圾和可堆沤植物类垃圾等；④可燃垃圾，包括不适宜回收的废纸类、废塑料橡胶、旧织物用品、废木等；⑤有害垃圾，包括废旧电子产品、废油漆、废灯管和过期药

---

① 广州市市容环境卫生局.城市生活垃圾分类及其评价标准：CJJ/T 102—2004［S］.北京：中国建筑工业出版社，2004.

品等；⑥其他垃圾。

在关于如何具体划分城市生活垃圾和实践操作层面上，学术界和地方政府尚未形成统一的意见。例如，北京市将生活垃圾分为厨余垃圾、可回收物、有害垃圾、其他垃圾，杭州市将生活垃圾分为可回收物、有害垃圾、易腐垃圾、其他垃圾，上海市将生活垃圾分为可回收物、有害垃圾、湿垃圾、干垃圾。

垃圾分类一般由 3 个阶段组成：分类储存阶段、投放阶段、清运阶段。在分类储存阶段，垃圾属于家庭或单位的私有品，经居民分类投放后成为区域性准公共资源。清运阶段由相关部门雇用工作人员或相关垃圾处理企业专人负责将垃圾运输到集中点或转运站，此时垃圾就成为公共资源。

1.3.2　中国垃圾分类的发展历史

我国垃圾分类最早源于中华人民共和国成立初期，当时国家正处于积贫积弱和勤俭建国的大背景下。1957 年 7 月 12 日，《北京日报》头版头条发表了《垃圾要分类收集》的文章，这是国内第一次出现垃圾分类的呼声。北京也因此成了全球公认的最早提出垃圾分类的城市。当时的垃圾分类本着勤俭节约的原则，许多市民会把牙膏皮、碎玻璃、旧报纸等垃圾分门别类地整理好卖给国营的废品回收站。

改革开放以后，随着我国国民经济水平的逐步提升，人民生活水平不断提高，物资匮乏逐渐成了过去时，垃圾分类逐渐被人们淡忘。但随着我国经济的快速发展和人民物质生活的持续丰富与改善，固体废物的种类和数量越来越多，并以人们意想不到的速度逐渐包围城市和郊区。垃圾处理的难题也日益凸显。1996 年，在北京市政府的指导下，西城区大乘巷社区成为第一个试点垃圾分类的小区，这也是我国真正意义上的垃圾分类的开始。

2000 年，建设部下发《关于公布生活垃圾分类收集试点城市的通知》，确定将北京、上海、广州、深圳、杭州、南京、厦门、桂林 8 个城市作为生活垃圾分类收集试点城市，正式拉开了我国垃圾分类收集试点工作的序幕。同年，相关城市出台了相应的政策文件予以配套。2000 年，上海市明确了在焚烧厂附近的部分地区，将生活垃圾分为可燃垃圾、废玻璃、有害垃圾，其他地区分为干垃圾、湿垃圾和有害垃圾。2002 年，广州率先在国内筹备组建了垃圾处理监管机构，完成多个专项法规标准的制定并建立评价制度。但由于各试点城市对于垃圾的收集环节强调较多，而对分类收集的系统性考虑较少，政策的明确性和持续性不强且缺乏强制性政策，截至 2003 年，除北京以外的各城市试点工作基本处于停滞状态。

为了更好地做好垃圾分类工作，2003—2008 年我国出台了一系列相关政策文件，以进行工作激励指导。2003 年，国家发布了《城市生活垃圾分类标志》，将生活垃圾分为 3 类，规定了可回收物、有害垃圾和其他垃圾的标志符号。2004 年，建设部批准《城市生活垃圾分类及其评价标准》作为行业标准，并制定了详细的垃圾分类评价指标。2007 年 4 月，建设部颁布《城市生活垃圾管理办法》，明确规定了城市生活垃圾实行分类收集的地区，单位和个人应当按分类要求，将生活垃圾装入相应的垃圾袋内，投入指定的垃圾容器或收集场所。2008 年，《城市生活垃圾分类标志》修订，名称改为《生活垃圾分类标志》，其将生活垃圾分为可回收物、大件垃圾、可堆肥垃圾、可燃垃圾、有害垃圾及其他垃圾六大类，并下设 14 个小类。2014 年，《中华人民共和国环境保护法》进行了修订，规定公民有垃圾分类的义务，公民应当按照规定对生活废弃物进行分类放置，减少日常生活对环境造成的损害。2000—2014 年，我国垃圾分类工作的 15 年探索也为后来垃圾分类工作的开展奠定了基础。

自 2015 年以来，我国垃圾分类政策的研究制定进入快车道。2015 年，住建部、国家发展改革委、财政部、环境保护部、商务部联合印发了《关于公布第一批生活垃圾分类示范城市（区）的通知》，选择北京市房山区等 26 个城市（区）作为垃圾分类示范城市（区）。2016 年 6 月，国家发展改革委、住建部发布《垃圾强制分类制度方案（征求意见稿）》，提出建立城镇生活垃圾强制分类制度。2016 年 12 月，中央财经领导小组会议研究普遍推行垃圾分类制度，强调要加快建立分类投放、分类收集、分类运输、分类处理的垃圾处理系统。此后垃圾分类工作有序开展。自 2019 年 7 月 1 日起，《上海市生活垃圾管理条例》正式实施，上海开始普遍推行强制垃圾分类。46 个重点城市中北京、上海、太原、长春、杭州、宁波、广州、宜春、银川 9 个城市相继出台生活垃圾管理条例，明确将垃圾分类纳入法治框架，其中北京是首个立法城市。自 2019 年 12 月 1 日起，新修订的《生活垃圾分类标志》正式实施，其将生活垃圾类别调整为可回收物、有害垃圾、厨余垃圾及其他垃圾 4 个大类，下设 11 个小类。

总体来看，我国很多城市都因地制宜地建立了垃圾分类管理体系。一是基本按照垃圾减量化、无害化、资源化的要求，明确工作思路，确定切合实际的工作目标；二是多数示范城市制定出台了垃圾分类地方性政策法规，并筹措垃圾分类专项资金；三是垃圾分类收运体系基本建立，相当一部分示范城市在发展推广"两网融合"；四是示范城市均注重政府、企业、社会在垃圾分类工作中的良性互动，力求提高各类责任主体的积极性。

第2章 垃圾分类的传统经济理论基础

2.1 供给、需求与价格决定

在经济学的诸多因素中，最根本的因素是需求与供给，而决定这两个因素的则是价格。任何商品或者资源，其最终的需求量与供给量取决于其均衡价格，而任何复杂的经济关系均可以通过价格的调整得到实现[34]。

需求是市场机制供求双方中的一方，是决定商品服务价格的关键因素之一。从概念上看，需求指的是在一定时期内消费者对某种商品或服务有意购买并且有能力购买的总量。显然，这种需求的实现需要两方面的约束：其一，消费者必须有购买商品或服务的欲望或要求；其二，消费者应该具有相匹配的对所需商品或服务的支付能力。在满足这两个条件的前提下所形成的需求才能构成现实需求，否则只能称为消费者自然的、主观的购买欲望。因此，影响消费者需求的主要因素除了价格以外，还包括：①消费者收入水平。对于大多数商品而言，消费者收入水平上升，对商品的购买欲望也会相应增大。②替代品或者互补品^①的价格。某种商品的替代品价格上涨，则该商品的需求将会增加；其互补品价格上涨，则该商品的需求可

---

① 两种商品互为替代品，是指在一定程度上两种商品可以相互替代，均可满足消费者的某种需要；两种商品互为互补品，是指两种商品需要共同使用，才能满足消费者的某种需要。

能会相应减少。③消费者偏好。消费者对某种商品的喜欢和消费意愿的程度越高，则对该商品的需求越大。④消费者对商品价格的预期以及对自身收入水平的预期。若预期商品价格将会上涨，则当期会增加对该商品的需求；若预期自身收入水平会上升，也会增加当期的商品需求。

供给是指在一定时期内，在一定条件下，生产者在每一个价格水平上愿意并且有能力提供出售某一商品或服务的数量。和需求一样，供给也是有效供给，需要同时满足两个条件：其一，生产者必须有出售某一商品或提供服务的愿望和要求；其二，生产者必须具有提供该商品销售的能力，否则，只能形成生产者的主观意愿，并不能称为现实有效的供给。对生产者而言，影响供给的因素主要有：①生产要素价格。即生产成本提高，商品供给将会降低。②替代品和互补品的价格。某一商品的替代品价格上涨，则该商品的供给将会增加；其互补品价格上涨，则该商品的供给将会减少。③生产者技术水平。生产者技术水平越高，商品供给越多。

价格对商品及资源配置的调整作用主要表现在价格的变化会影响商品的需求与供给数量，最基本的规律为价格上升则需求减少、供给增加，反之则需求增加、供给减少（图 2-1）。而价格对需求量与供给量的影响具有非常明显的放大作用，即价格的变化往往导致需求量、供给量的成倍变化，人们经常说的价格的"杠杆作用"，即是对其放大作用的形象解释。当然，需求与供给数量的变化也会影响商品或资源的成交价格或者市场均衡价格。

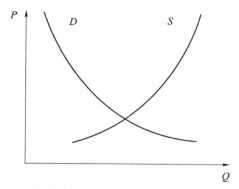

D—商品的市场需求曲线（需求量Q与价格P成反比）
S—商品的市场供给曲线（需求量Q与价格P成正比）

图 2-1　市场经济中商品的需求与供给曲线

垃圾分类回收的市场同样适用市场经济中商品的需求与供给关系。可回收垃圾仍然具有价值，因此也属于商品范畴，该项商品的供给者就是提供可回收垃圾的居民或企业，而需求方则是以可回收垃圾为生产资料的企业。另外，除了具备经济价值的可回收垃圾，垃圾回收这一行为本身就具备环境价值，此时仍然以传统经济理论对垃圾分类回收进行分析可能存在一定的局限性，具体分析详见本章"2.4　传统经济理论对垃圾理解的局限性"。

此外，随着垃圾分类立法的普及，各地方政府以及城市居民对垃圾分类工作的认知和实施仍处于过渡阶段，这可催生出一个完全有别于传统环卫服务行业的垃圾分类产业群，其涉及宣传推广、IT 技术、设施制造、收运分拣等方方面面的产品与服务。传统的供求理论在这类服务和产品的定价分析上依然适用。

一是垃圾分类外包服务。大致可分为垃圾分类代处理服务、垃圾分类达标指导服务、二次分拣服务、垃圾分类一体化服务（分类垃圾收运、保洁等）。此类服务的需求者多为工作繁忙的城市居民，这类群体往往由于工作或其他情况，缺乏分类处理生活垃圾的时间和精力。目前，随着垃圾代扔需求的出现，部分平台已出现网上预约代收、代分垃圾服务的供给。

专栏 2-1　商机无处不在，垃圾代扔服务上线

2019 年 7 月 1 日，新的《上海市生活垃圾管理条例》开始施行，上海市众多小区开启垃圾分类定时定点投放。然而早出晚归的上班族总会因为忙于工作而错过垃圾分类投放时间。为了解决这部分居民的生活需求，垃圾代扔业务应运而生。部分小区居民自发组织提供此项服务，业务购买方只需要在出门前将分好类的垃圾打包放在家门口，每天就会有专人将垃圾扔到小区的定点垃圾投放处。

看到其中的商机，支付宝在"城市服务"中也开辟了"垃圾分类回收"专栏——易代扔（图 2-2）。服务内容包括家电回收、废旧衣物回收、大件垃圾回收等上门回收服务。预约服务者，只需要输入所在城市和居住地，选择回收物品的重量以及上传照片并预约上门回收的时间，就会有工作人员上门收取回收物，回收成功还能获得环保积分和蚂蚁森林能量。

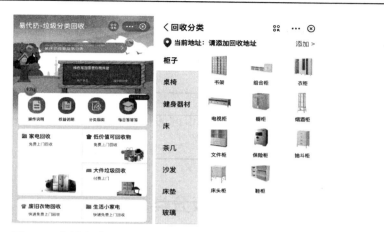

图2-2 支付宝"易代扔—垃圾分类回收"服务小程序截图

资料来源：垃圾代扔服务上线，你会尝试吗.（2019-06-12）. http：//k.sina. com.cn/article_6362892271_17b4207ef00100fz9e.html。

二是垃圾分类产品、技术及设备与设施制造。垃圾分类是一个全新的行业，垃圾分类的试点与推广需要添置大量的产品、设备与设施，为"投放点收集容器、垃圾桶、垃圾袋、称重设备、收运车辆与设备以及设备设施的修缮及后期运行"等相关制造企业创造了巨大商机。

三是垃圾分类推广宣传服务。推广宣传是垃圾分类工作启动的重要环节，特别在试点期间。推广宣传工作涉及"活动的策划与执行，地推活动的实施，宣传物料的设计、制作与发布，宣传设施与宣传奖励用品的制作，垃圾分类文化传播体系打造"等内容，为广告公司、文化传媒公司、互联网传播公司、制作公司及礼品制作企业创造了机会。

四是垃圾分类软硬件IT服务。垃圾分类项目具备天生的互联网"基因"，事实上，当前各地政府推动的垃圾分类就是"互联网＋垃圾分类"。

垃圾分类项目的试点与推广需要用到"二维码（条形码）打印机、用户自助查询和条码终端、数据设备、信息平台"等软硬件 IT 产品与服务，为相关软件企业带来了新的商机。

五是垃圾分类实施效果测评服务。垃圾分类是新生事物，如何有效监管是一项专业性技术，各试点城市的通行做法是：将垃圾分类实施效果测评、巡检与考核等服务外包给第三方的专业机构执行。

2.2　信息不对称与垃圾分类

信息不对称（asymmetric information）指交易中的各人拥有的信息不同。在社会、政治、经济等活动中，一些成员拥有其他成员无法拥有的信息，由此造成信息的不对称[34]。在市场经济活动中，各类人员对有关信息的了解是有差异的：掌握信息比较充分的人员，往往处于比较有利的地位；而信息贫乏的人员，则处于比较不利的地位。信息不对称可能导致逆向选择（adverse selection）。一般而言，卖家比买家拥有更多关于交易物品的信息。

传统经济学的基本假设之一就是市场上所有的信息都是完全并充分的，然而现实的市场表现情况并非如此完美。人们打破了自由市场在完全信息情况下的假设，信息经济学逐渐成为新的市场经济理论的主流。研究信息经济学的学者因而获得了 1996 年和 2001 年的诺贝尔经济学奖。

信息经济学认为，信息不对称造成了市场交易双方的利益失衡，影响社会公平、公正的原则以及市场配置资源的效率。为此，信息经济学提出了种种解决的办法。但是，可以看出，信息经济学是基于对现有经济现象的实证分析得出的结论，对于解决现实中的问题还处于尝试性的研究之中。例如，买家对所购商品信息的了解总是不如卖家，因此，卖家总是可以凭借信息优势获得商品价值以外的报酬。交易关系因为信息不对称变成了委托－代理关系，交易中拥有信息优势的一方为代理人，不具信息优势的一方是委托人，交易双方实际上是在进行无休止的信息博弈。

博弈论是信息经济学的重要工具之一，其将复杂社会简化为可供分析的模型，给人们提供采取行动的方案。垃圾分类政策实施过程中的博弈分析可以直观地展示影响人们行为的因素。在垃圾分类的博弈当中，博弈双方为政府和居民。政府能够采取的策略是加强检查以发现居民是否遵守分类规则，即"发现"/"没有发现"，居民在不知道自己是否会被政府发现时，能够采取的策略是"分类"/"不分类"。政府与居民的博弈过程属于静态博弈。假设政府通过检查能够发现居民是否遵守分类规则的概率是 x，则相应的没有发现的概率为 $1-x$。假设政府的收益是 $a_1 \sim a_4$，居民的收益是 $b_1 \sim b_4$，则博弈矩阵如表 2-1 所示。

表 2-1 垃圾分类博弈矩阵

		居民	
		分类	不分类
政府	发现	(a_1, b_1)	(a_2, b_2)
	没有发现	(a_3, b_3)	(a_4, b_4)

该博弈的条件如下：① b_1 与 b_2 大小未定，其取决于实施垃圾分类受到的奖惩与成本的比较；② $b_1 > b_3$，当居民实施了垃圾分类的策略时，政府将给予积极响应政策的居民一定的奖励，以此激励居民进行分类，培养其垃圾分类习惯；③ $b_4 > b_3$，当政府无法发现居民是否进行垃圾分类时，遵守垃

圾分类规则的居民存在净成本；④ $b_4>b_2$，居民未进行垃圾分类，若被政府发现，将受到惩罚，收益下降。

对行为主体居民的期望收益进行计算，得到以下结果：

居民采取分类策略的期望收益：$E_1=xb_1+(1-x)b_3$；

居民采取不分类策略的期望收益：$E_2=xb_2+(1-x)b_4$。

在理性人假设前提下，若要使居民做出垃圾分类的决策，必须使 $E_1>E_2$。运算后整理，得到结果：$b_4-b_3<x[(b_1-b_3)+(b_4-b_2)]$。该公式包含了政府在垃圾分类管制过程中可以实施的几种政策方向：①降低居民垃圾分类的成本，即降低 b_4-b_3 的值。推行垃圾分类的本意虽为节约资源和保护环境，但成本转移到了每个居民身上，具体体现为金钱成本和时间成本，如分类垃圾桶的置办、垃圾分类的时间花费、学习的成本等。过于繁杂的垃圾分类程序，例如细致的种类设置等，容易导致居民时间精力的浪费，给居民的生活造成不便。②实施激励与惩罚措施，即增加 b_1-b_3 和 b_4-b_2 的值。前者指在确认居民施行垃圾分类之后，给予其一定的激励措施，如补贴、奖励等；而后者强调在发现居民未实施垃圾分类后，对其进行惩罚，以降低 b_2 的值。③提高不分类行为的发现概率，即增大 x 的值。提高政府获取信息的概率，避免监管过程中的信息不对称问题。一旦政府无法有效识别居民是否进行了垃圾分类，x 降低，公式右边数值下降。如果超过临界点，则会使居民采取分类策略的期望收益小于不分类的收益，致使居民不愿意进行垃圾分类。

事实上，各地政府在推行垃圾分类政策时，将大多数关注点集中在前两类策略，如配备垃圾桶入户以降低居民的成本，往往忽视了第三类措施。一旦政府没有有效措施对垃圾分类进行监管，形成居民和政府之间的信息不对称，x 的值将降低乃至趋向于 0，致使等式右边的数值也降低乃至趋向于 0，居民倾向于不分类，导致政策失效。在信息不对称情况下，其他措施也难以获得成效[35]。

2.3 垃圾的外部性问题

外部性问题表现为一个生产者或消费者的行为给其他生产者或消费者带来了利益或造成了损失，但没有因此获得相应报酬或支付赔偿[34]。其中，给其他人带来利益而没有得到相应报酬的外部性称为"正外部性"或"外部经济性"，给其他人造成损失却没有支付相应赔付的外部性称为"负外部性"或"外部不经济性"。环境污染是典型的外部不经济性的例子，生产者或消费者向环境排放的废物，给其他生产者或消费者带来了不利影响，却很少为此付出必要的代价。

外部性是环境经济学的重要概念，它不仅可以说明外部性的存在使得市场的价格机制本身难以协调环境资源的有效配置，还能为最大限度地减少以至消除环境的外部性影响而采取适当的环境经济政策提供基本依据。作为一种环境污染物，垃圾也具有外部性，但是垃圾的外部性问题有其特殊性，探讨这一特殊性对于垃圾减量化环境经济政策的制定具有重要意义。

2.3.1 垃圾外部性的含义与特点

一般而言，垃圾外部性是指垃圾的排放者并没有为其排放到环境中的垃圾造成的污染支付费用，因而产生了垃圾污染的外部性。但是与水污染、大气污染不同的是，垃圾本身不具有流动性，因此垃圾的排放总要经过收集、运输和处理的过程，这个过程需要的费用也应由垃圾的排放者支付。如果垃圾的排放者没有为其丢弃的垃圾支付收运和处理费，那么将产生与垃圾问题相关的、表现在收集和运输过程的外部性。就此而言，垃圾的外部性可以分为两部分理解：一是由垃圾最终处置过程造成的环境污染引起的。二是由垃圾的收集、运输和处置费用引起的。如果垃圾排放者没有对上述费用进行支付，或者仅部分支付，就会产生垃圾的外部性问题。通常，垃圾的收集、运输和处理是由政府部门组织完成的，其费用一般来自公共财政支出，从某种程度上说，可以看作垃圾排放者对收运处理费用的部分支付。

需要注意的是，这两部分外部性之间有一定联系。如果在垃圾处理的过程中投入更多的资金用于降低垃圾对环境的影响，虽然垃圾处理的成本将会提高，但是垃圾处理过程对环境的外部影响会降低；反之，如果垃圾没有经过适当的处理，或者根本没有处理，如采取直接露天堆放，那么垃圾处理的成本很低，但垃圾对环境的外部影响会非常大。可见，垃圾外部性不仅由环境污染引起，还有其他外部性问题所不具备的可转移的特点，即可转移的外部性——有机会通过向他人转移外部不经济性，避免外部性对自己的损害。

此外，垃圾外部性涉及的主体具有广泛性的特点。作为消费过程的产物，垃圾虽然是由消费者直接排放的，但垃圾的产生与产品的生产者、销售者密切相关，且垃圾的最终排放也受到垃圾的回收者、再利用者的影响。因此，居民垃圾排放产生的外部性实际上与很多主体的相关行为有关。例如，产品包装的使用数量直接影响产品消费后垃圾的产生量，这种由包装设计所引起垃圾数量的变化，并进而导致垃圾外部性的变化与产品的生产者直接相关。再如，个体垃圾回收者的活动一方面有助于提高垃圾回收水平，但同时回收活动本身也可能给环境带来负面影响，所以垃圾回收者的行为对居民垃圾排放产生的外部性也有影响。可见，垃圾外部性涉及的主体十分广泛，这与生产过程产生的水污染、大气污染有所不同。生产过程环境污染的外部性主要涉及单一主体，即生产者。认识到垃圾外部性涉及的主体具有广泛性的特点，对于针对垃圾外部性的环境经济政策的设计和实施具有重要意义，因为这意味着政策的作用对象也必须是广泛的。

2.3.2 垃圾处理的外部费用和效益

与垃圾处理相关的外部不经济性包括大气污染、水污染以及对垃圾处理设施附近造成的非舒适性影响（如噪声、气味、景观等）。具体而言，这种外部性可以来自传统的大气污染物（如氧化硫、氧化氮和悬浮颗粒等，焚烧炉排放的有毒有害气体，填埋场产生的甲烷等），这些因素都将产生垃圾处理过程外部费用。

垃圾处理过程也有外部效益，例如，有能量回收的垃圾处理设施就是外部效益。但垃圾处理过程回收能量的本身并不能算作外部效益，因为它已经计入了垃圾处理设施所有者的经济核算。那么有能量回收的外部效益从何而来呢？事实上，从垃圾处理过程中回收了能量，意味着用其他方式生成这些能量的过程就避免了污染，这个被避免了的环境污染才可看作垃圾处理过程的一种外部效益。例如，当垃圾处理中回收的能量可以代替一个存在年代已久、低效率燃煤发电站产生的能量时，也就因此替代了与燃煤相关的环境污染，从而实现垃圾处理的外部效益。通常，垃圾填埋气体的回收利用，以及垃圾焚烧过程热能的回收利用都是具有外部效益的。

垃圾处理外部费用的计量有一定困难。例如，填埋场或焚烧厂的舒适性损失费用，很难用货币价值来衡量，而更大的不确定性在于填埋场的生物降解过程，以及污染物的潜在影响，如渗沥液进入周围地区的地表水和地下水而产生的环境影响等。尽管如此，研究者在垃圾处理外部费用的计量方面仍进行了大量探索。

假设存在能量回收，垃圾处理的净外部性可按以下方法计算其货币价值：

垃圾处理外部性 = 固定外部性 + 可变外部性

固定外部性与进入垃圾处理厂的垃圾数量不相关，仅与整个设施的非舒适性有关，是一个固定数值。可变外部性与进入处理场的垃圾数量有关，主要由以下几部分组成[36]：①与二氧化碳、甲烷等温室气体排放有关的全球性污染处理费用；②与硫氧化物、氮氧化物和悬浮颗粒物有关的传统污染物处理费用；③与有毒气体有关的处理费用；④废水污染处理费用；⑤与交通有关的空气污染处理费用；⑥避免能量回收系统的污染损害费用。

1993 年，英国环境部进行了一项研究，计算了不同垃圾处理手段对空气污染以及相关的非舒适性影响。研究结果表明：有能量回收的填埋场每吨垃圾处理的外部费用是 1 ~ 2 英镑，没有能量回收的填埋场每吨垃圾处理的外部费用是 3.5 ~ 4.2 英镑，新的垃圾焚烧装置的净外部效益是每吨 2 ~ 4 英镑。随着垃圾处理环境标准越来越严格，垃圾处理对环境的外部影响将会越来越小，外部费用将会越来越低。

目前，我国虽然没有对垃圾处理外部费用的定量研究，但从我国垃圾处理的基本状况可以作出初步判断：由于很多垃圾没有得到适当的处理，垃圾污染具有显著的外部影响；而且在我国通过收集填埋气回收能量的垃圾填埋场为数不多，能够回收热能或电能的垃圾焚烧设施仅占少数，因此垃圾处理的外部效益较低。就此而言，我国垃圾处理的外部费用应该是比较高的。总之，通过以上对垃圾外部性问题的分析可以看出，外部性的存在使得与垃圾处理相关的环境损失不能反映在垃圾处理的价格中。另外，垃圾处理的完全成本应该包括与垃圾处理相关的所有成本，例如垃圾处理过程中各种环境影响的外部费用以及垃圾收集和处理的财务成本。垃圾的外部性使得市场不能有效地配置资源，其结果是大量的垃圾不能得到有效的处理，给环境带来持续的压力。因此，无论是生产者还是消费者，都要为其行为的完全成本支付费用，有必要采取各种经济政策使垃圾污染的外部影响内部化[37]。

2.4 传统经济理论对垃圾理解的局限性

从传统经济理论的角度来看，垃圾是人们生产和消费活动产生的不被人们需要的物质，基本上没有什么价值。当它被丢弃时就脱离了经济系统，也就不再受到人们的关注。但是垃圾对于经济发展仍具有一定的影响，当垃圾的数量达到一定程度，超过自然净化能力时就会破坏生态环境。因此，人们投入人力、物力、财力进行环境保护，如采取消烟除尘、污水净化以及填埋废渣等末端治理方式。

随着经济的发展，垃圾数量与日俱增，成分也日益复杂，为了治理污染需要付出更高的经济代价。因此，对废物处理问题的研究不再局限于原有的经济系统，开始涉及整个社会、环境和经济的综合系统。人们认识到由于自然系统吸纳废物的速率远低于经济系统垃圾的排放速率，大量的废物不断积累；而地球资源匮乏，将难以满足粗放型经济发展的需要。在这种情况下，人们对垃圾的处理策略发生了转变，变被动治理为提高资源的利用效率与再生利用水平，从而增加资源的循环利用率，减少废物的排放，降低物质在经济系统的排放速率，使之与自然系统吸纳废物的速率相一致。总之，传统经济理论对垃圾的理解仅局限在经济系统内部，而忽视了废物再生利用环节在协调经济系统与自然系统平衡发展中的关键作用。

专栏2-2 关于垃圾分类的极简经济分析

资深资产管理者王琦曾在接受新浪财经的采访时，从经济学的角度对垃圾分类进行了有趣的分析。在正式开始分析垃圾问题之前，他先说了一个在生活中不时会发生的现象：如果你盛米的时候，不小心将米撒到了地上，而地面又比较干净，弃之可惜，可再想把米收集起来却是一件让人非常头疼的事情。显然，无论是在日常生活中还是在更广阔的经济和社会管理领域，都要避免这种投入产出严重不对称的状况发生，换言之，管理者应该寻求最有效率的经济运行模式。

现在让我们开始分析垃圾分类问题，由居民个人或家庭来履行分类的责任，是承认了这样一种前提——垃圾在混合之后的分类工作比较低效，与之相比，由居民个人这样的分布式系统提前进行分类，效率会高得多，这就是垃圾前置分类的基本逻辑。

　　当我们进一步代入真实的运行阶段进行投入产出分析时，就会发现一系列的问题。在当前居民对垃圾分类意识和能力都还不够强的情况下，由居民履行分类义务，该如何监督呢？由于分类后的垃圾处理装置相对专业而且"挑剔"，如果有居民没有完全履行义务，在本应可回收的垃圾比如纸张中加入了玻璃，那么就可能出现"一锅汤里加了一粒老鼠屎"的效果，不仅处理效果不好，最严重时甚至可能损坏垃圾处理设备，得不偿失。为了解决这一问题，只能由政府强化对居民个人的监督和处罚责任，把垃圾分类结果列入个人征信系统。

　　然而，即便是建立了依据分类结果来增减信用分的征信系统，由于个人对垃圾进行分类，是一个高度分布式且个人化的活动——都是由个人在家里进行，所以要实现对分类过程进行监控是完全不可能的。监控不了过程，就只能核查结果，对于各家各户已经分类好的垃圾，再进行检查。然而，对于管理者而言，对分类结果进行核查工作量巨大，由谁核查、又如何找到众多人员进行核查都将是难解之题。

　　作为替代，管理者还可以降低检查密度从而降低检查成本，同时加大对于违规者的处罚，以形成威慑，但这又带来了另外一个感情层面的问题。如果一个人仅仅把一个玻璃瓶误放到了该收集纸张的垃圾袋里，就被处罚一万元或者征信扣一大笔分，这显然会引发被处罚个体极大的反感，从而更加不愿意配合垃圾分类工作。

所以综合来看，对垃圾分类这样一个看似简单的问题，从真实运营的经济性角度来看，由于前、后置的处理成本差异巨大，同时监督控制的信息不对称（或者说信息处理成本高昂），要想取得各方都理想的结果并不容易。

　　沿着矫正信息不对称和前后端投入产出比的角度来外推，解决的思路应该朝着两个方向来进行，一是降低信息处理成本，二是改变垃圾前后端处理成本和收益。例如，大力鼓励垃圾处理企业进行技术创新，通过技术进步提高对垃圾分类错误的容错率，容错率提高，就意味着监督垃圾分类结果的信息处理成本大幅降低，而对于处理设备技术改造或者新建所提高的成本，一方面可以通过向居民按量征收垃圾处理费来弥补，另一方面也需要政府给予补贴，毕竟垃圾处理的正外部性很大，只有理顺了利益机制，发展起技术先进并维持合理盈利水平的垃圾处理企业，企业才有能力也有动力处理好垃圾。当然，对于垃圾处理企业的污染排放也应当同时进行严格监督，这是因为，监督集中处理垃圾的设备排污情况，比监督高度分散的局部垃圾分类情况，成本要低得多。

　　资料来源：王琦.关于垃圾分类的极简经济分析［EB/OL］.（2019-06-20）.
http：//finance.sina.com.cn/chanjing/cyxw/2019-06-20/doc-ihytcitk6407404.shtml。

第3章　循环经济与垃圾分类

3.1　循环经济的基本内容

3.1.1　循环经济的含义

从经济发展史来看，可以把经济发展分为五个阶段。第一个阶段是原始经济，即原始人狩猎捕鱼的初始时期。第二个阶段是农业经济，大约开始于公元前4000年，指经济的农耕阶段，即以农牧业为主的开垦荒地、种植谷物的农业社会时期。第三个阶段是工业经济，开始于18世纪的工业革命，即以现代大工业生产为主的包括现代纺织、轻工、钢铁、汽车、化工和建筑等主要产业的经济时期。第四个阶段是循环经济，又称为后工业经济，始于20世纪的新技术革命，以资源循环利用为导向来改造传统产业，由此涌现出一批如电子信息和环保等不以资源消耗线性增加为发展前提的新兴产业。第五个阶段则是知识经济，始于20世纪末，此时涌现出一批主要靠知识投入发展的产业，如生物产业、新材料产业、新能源产业、软件产业、海洋产业和空间产业。

循环经济就是在人、自然资源和科学技术的大系统内，在资源投入、企业生产、产品消费及其废弃的全过程中，不断提高资源利用效率，把传统的、依赖资源净消耗线性增加的发展，转变为依靠生态型资源循环发展的经济。与工业经济从劳动、土地和资本的系统分析问题相比较,循环经济从人、自然资源和科学技术的更大系统来分析经济问题;与工业经济对资源的一次性使用,生产增长依赖资源净消耗的线性增加相比较,循环经济对同一资源多次使用,提高资源利用效率,变废为宝,循环使用,依靠这种新的生产方式来增加生产。因此,从宏观上讲,循环经济在经济结构、产业政策方面与其他经济不同;从微观上讲,循环经济在企业管理和工业流程方面都与其他经济有很大的不同。

循环经济与农业经济和工业经济的最大差异在于理念不同,具体表现在指导理论、目标体系、价值观和经济要素等的不同。

农业经济的特征是听命于自然,指导理论是宿命论;目标体系是个体温饱和整个社会稳定;价值观是节俭、服从;经济要素是劳动力、土地、资源、宗教;资源状况是农业资源循环与过度垦殖并存,自然资源开发能力低。

工业经济的特征是征服自然,指导理论是社会财富论;目标体系是高增长、高消费,最大限度地创造社会财富;价值观是金钱至上、竞争;经济要素是劳动力、土地、资本;资源状况是掠夺性地开发自然资源。

循环经济的特征是自然资源的节约、保护和循环利用,指导理论是系统论和生态学;目标体系是全面建设小康社会;价值观是经济、社会与生态效益统一,人与自然和谐;经济要素是劳动力、资源、资本、环境、科学技术;资源状况是逐步提高资源循环利用效率。

不同经济形态理念的比较如表 3-1 所示。

表 3-1　不同经济形态理念的比较

	农业经济	工业经济	循环经济	知识经济
指导理论	宿命论（听命于自然）	社会财富论（征服自然）	系统论和生态学（自然资源的节约、保护和循环利用）	人、科学技术与自然协调系统平衡论
目标体系	温饱、社会稳定	高增长、高消费，最大限度地创造社会财富	全面建设小康社会	人、科学技术与自然可持续发展
价值观	节俭、服从	金钱至上、竞争	经济、社会与生态效益的统一，人与自然和谐	知识、促进人的全面发展
经济要素	劳动力、土地、资源、宗教	劳动力、土地、资本	劳动力、资源、资本、环境、科学技术	劳动力、知识（无形资本）、资源、资本、环境、生态
资源状况	农业资源循环与过度垦殖并存，自然资源开发能力低	掠夺性地开发自然资源	逐步提高资源循环利用效率	生态系统均衡发展

3.1.2　循环经济的产生和发展

随着人类对自然环境的重新认识，现代循环经济的思想在 20 世纪 60 年代环境保护思潮和运动崛起的时代开始萌芽。1962 年，美国海洋生物学家蕾切尔·卡逊（Rachel Carson）发表了环境保护著作《寂静的春天》，她敏锐而又划时代地提出：沿着传统工业化的道路走下去是一条绝路[38]。蕾切尔·卡逊的思想在世界范围内振聋发聩，引发了人类对自身的传统经济行为和理论进行深入的反思。由此，传统经济学理论发生了剧烈变革，循环经济革命揭开了历史序幕。

1960—1970 年是循环经济研究的起步阶段。鲍尔丁（K. E. Boulding）受当时正在实施的"阿波罗登月计划"的启发，发表了《即将到来的太空船地球经济学》。文中提出人们消费所产生的废弃物应该被循环利用到生产所需要的投入中，人类经济发展方式应该从传统依赖资源消耗线性增长的经济，转变为依靠生态型资源循环利用的经济[39]。他提出的著名的"宇宙飞船经济理论"，在当时引起了巨大的反响。从此，以循环经济为发展方式的研究舞台建立起来了。1971年，尼古拉斯·乔治埃斯库-罗根在《熵的定律和经济过程》一书中阐述了经济进程中熵定律的广泛存在，指出所有的经济过程都需要能源，而且根据熵定律，在一个封闭系统中所能够获得的能量只能下降。传统经济发展方式下的新技术并不能创造新的资源，只能加快能源、资源和生物丰富性等的衰减。这些思想给持有技术进步信念的传统经济学家们敲响了强有力的警钟[40]。

20世纪70年代，循环经济学的基本思想已经形成。杰奥尔杰斯·罗根出版了《能源与经济之谜》与《从生物经济角度来看不公平、限制与增长》，这些书籍对后来学者们的进一步研究工作产生了决定性的影响。化学家普里戈金（Ilya Prigogine）等也从新的视角解读了"混沌理论"，对经济系统只有一个均衡提出质疑[41]。这些理论使人们开始意识到环境问题的不确定性，人类对环境的影响可能比以前所认识到的要大得多。

20世纪后半叶的环境危机对西方科学的基本前提提出挑战，一些经济学家开始从科学史与科学哲学的角度去理解出现的环境危机，如西方科学中的普适性原则。然而，自然是不断进化的，并且不同地方进化的方式是不同的，这种普适性原则可能会导致人们对自然现象的错误认识。因此，70—80年出现了跨学科以及问题导向的研究与教育方法，这些都对循环经济学的发展产生了巨大的推动作用[42,43]。在经历了认识论与方法论的探索与发展之后，循环经济学可以说已基本形成。

　　1982 年 9 月，瑞典生态学家 Ann Mari Jansson 等在斯德哥尔摩举办了一个科学论坛。这个论坛揭开了循环经济学家进行更广泛国际合作的序幕。1985 年，中国的吴季松教授主持了联合国教科文组织的一项专题研究"多学科综合研究应用于经济发展"，该研究寻找不单纯依靠稀缺自然资源实现经济增长的出路，提出可以利用知识来优化自然资源的配置并引导消费；利用知识维系并修复自然生态系统，以提高其承载力[44]。这项研究成果在国内外引起了广泛关注，推动了循环经济学理论体系的进一步完善。其后，一系列相关会议相继召开。这些会议将各国学者广泛联系起来，并成功地使循环经济学的思想赢得大家的普遍认可，且吸引了很多学者开始转向循环经济学方面的研究。这些会议成功地使循环经济学最终成为一门独立学科。

3.1.3　循环经济的理念和理论基础

3.1.3.1　循环经济的理念

　　循环经济的理念是在全球人口剧增、资源短缺、环境污染和生态破坏的严峻形势下，人类重新认识自然界、尊重客观规律、探索新经济规律的产物。其主要理念为：

　　（1）新的系统观

　　循环是指在一定系统内的运动过程，循环经济的系统是由人、自然资源和科学技术等要素构成的大系统。循环经济要求人在考虑生产和消费时不再把自身置于这一大系统之外，而是将自己作为这个大系统的一部分来研究符合客观规律的经济原则，将"退田还湖""退耕还林""退牧还草"等生态系统建设作为维持大系统可持续发展的基础工作。

（2）新的经济观

在传统工业经济的各要素中，资本在循环，劳动力在循环，唯独自然资源没有形成循环。循环经济要求运用生态学规律，而不是仅仅沿用自19世纪以来机械工程学的规律来指导经济生产。不仅要考虑工程承载力，还要考虑生态承载力。在生态系统中，经济活动超过资源承载力的循环是恶性循环，会造成生态系统蜕化；只有在资源承载力之内的良性循环，才能使生态系统平衡地发展。

（3）新的价值观

循环经济在考虑自然资源时，不再像传统工业经济那样将土地视为"取料场"和"垃圾场"，将河流视为"自来水管道"和"下水道"，也不仅仅视其为可利用的资源，而是需要维持良性循环的生态系统；在考虑科学技术时，不仅要考虑其对自然的开发能力，而且要充分考虑它对生态系统的维系和修复能力，使其成为有益于环境的技术；在考虑人的自身发展时，不仅要考虑人对自然的征服能力，而且要重视人与自然和谐相处的能力，促进人的全面发展。

（4）新的生产观

传统工业经济的生产观念是最大限度地开发自然资源，最大限度地创造财富，最大限度地获取利润。而循环经济的生产观念是要充分考虑自然生态系统的承载力，尽可能地节约自然资源，不断提高自然资源的利用效率，循环使用资源，创造良性的社会财富。在生产过程中，要求进行清洁生产，即最大限度地减少废弃物的排放，尽可能地利用可再生的资源（如利用太阳能、风能和农家肥）替代不可再生的资源，尽可能利用高科技，尽可能以知识投入来替代物质投入，以达到经济、社会与生态的和谐统一。

（5）新的消费观

循环经济要求走出传统工业经济"拼命生产、拼命消费"的误区，提倡物质的"适度消费、层次消费"，在消费的同时即考虑废弃物的资源化，建立循环生产和消费的观念。同时，循环经济要求通过税收和行政等手段，限制以不可再生资源为原料的一次性产品的生产和消费。

3.1.3.2　循环经济的理论基础

循环经济的理论基础以系统论和生态学两门新学科理念重新审视传统经济学，它将经济系统视为一个以生态系统为基础，从生态系统中取得自然资源来支持社会子系统、经济子系统和环境子系统发展的系统（图3-1）。各系统之间相互作用、相互影响，取得动态平衡，以实现人、自然与科学技术相和谐，共同发展的总目标。

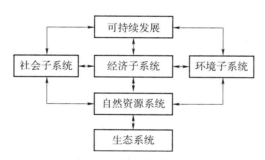

图3-1　循环经济基本理论示意

在每个子系统中都存在自循环，而各子系统之间又有物质、能量和信息的交流。但经济子系统的发展依赖于自然资源系统，也就是生态系统，同时，经济子系统的发展也会对自然资源系统起反作用，对稀缺自然资源的耗用既破坏了自然资源系统，又制约了经济子系统的发展。环境子系统的改变，将使得自然资源系统的品质发生改变，从而导致生态系统的改变，生态系统的改变又进一步加剧了人类生存环境子系统的改变，从而形成恶性循环。

3.1.4　循环经济的主要原则

（1）大系统分析原则

循环经济是较全面地分析投入与产出的经济。它是在人口、资源、环境、经济、社会与科学技术的大系统中，研究符合客观规律的经济原则，均衡经济效益、社会效益和生态效益。其基本工具是应用系统分析，包括信息论、系统论、控制论、生态学和资源系统工程管理等一系列学科。

（2）生态成本总量控制原则

生态成本是指当人们的经济生产给生态系统带来破坏后，再人为修复所需要付出的代价。如果把自然生态系统作为经济生产大系统的一部分，在分析资本投入时我们就需要考虑生态成本。任何一个工业生产投资者在投资时，都必须考虑自己有多少钱，如果借贷还需要考虑偿还能力。同样，我们在向自然界索取资源时也必须考虑生态系统有多大的承载力，要有生态成本总量控制的概念。

（3）"3R"原则

传统经济将自然生态系统视为"取料场"和"垃圾场"，而循环经济是一种生态型的闭环经济，形成合理的封闭循环（图3-2），如取水、用水、污水处理和中水回用的循环。

"3R"原则主要指资源利用的减量化（reduce）原则、产品生产的再使用（reuse）原则、废弃物的再循环（recycle）原则。

资源利用的减量化原则：在投入端实施资源利用的减量化，主要是通过综合利用和循环使用，尽可能地节约自然资源。

图 3-2　循环经济的闭环循环

产品生产的再使用原则：循环经济强调在保证服务的前提下，产品尽可能在更多场合下长时间使用。例如，产品标准化，可以不断更换产品配件；一辆汽车可以在不同的地形和气候条件下使用。

废弃物的再循环原则：从材料选取、产品设计、工艺流程、产品使用到废弃物处理的全过程，实行清洁生产，最大限度地减少废弃物排放，力争做到排放的无害化和资源化，实现再循环。

（4）尽可能利用可再生资源原则

自然界中有很多资源都是可以循环再生的，循环经济要求尽可能地利用这类资源，替代不可再生资源，使生产循环与生态循环耦合，合理地依托在自然生态循环之上。例如，利用太阳能替代石油、利用地表水替代深层地下水、利用农家肥替代化肥等。

（5）尽可能利用高科技原则

循环经济提倡生产的非物质化，即尽可能地以知识投入来替代物质投入。例如，利用互联网替代大量相应物质产品的生产。以管理科学技术为例，在设计建设大型资源利用工程时，必须在资源系统管理学的指导下进行大系统分析。例如，修建一座水库，不仅要考虑水源地稳定性，还要考虑对下游水位、植被和物种等生态的影响，对下游经济发展的影响，对上下游气候的影响，等等。

（6）把生态系统建设作为基础设施建设原则

传统经济只重视电力、热力、公路、铁路、水坝和堤防等基础设施建设。循环经济认为生态系统建设也是基础设施建设，如狠抓"退田还湖""退耕还林""退用还流"等生态系统建设，通过这些来提高生态系统对经济发展的承载能力。

3.2 循环经济视角下的垃圾分类

3.2.1 垃圾分类是发展循环经济的起源和关键目标

循环经济最初起源于垃圾处理，随后才逐步扩展到其他方面。日本通过循环经济立法来应对垃圾难题，如在 2000 年出台了一系列循环经济法律法规：《促进建设循环型社会基本法》、《食品回收利用法》、《废弃物处理法》（修订）、《建材回收利用法》等。作为一种新的产业形态，循环经济将"废物变为财富"这一理念作为核心内容之一，通过对产品的节约使用以及对废旧物资的回收利用，最大限度地使用资源，从而实现经济社会与资源、环境的相互协调发展。从这方面来看，垃圾分类将会成为发展循环经济的开端。

此外，垃圾分类不仅要考虑自然资源减量化的问题，还要考虑再利用和资源再生化的技术问题。经过一定的分类处理，可以把厨余垃圾转化为沼气或者用于燃烧发电，对于塑料瓶等塑料用品可以粉碎后再利用，而对于废旧电池及电子产品这些有害垃圾可以进行无害化处理，也具有一定的回收利用价值。当前，垃圾分类在投放、收集、运输和处理阶段都融入了循环经济，所以实施合理有效的垃圾分类标准是发展循环经济不可忽视的一个重要内容。

3.2.2 垃圾分类是发展循环经济的重要方面

对城市生活垃圾进行分类处理，是实现循环经济的重要途径，是整个城市建设与城市管理的基础性工作。一座城市要想保持整洁与卫生，必须要妥善处理城市生活垃圾，对其进行分类收集、清运与处理，这一过程可以保证生活垃圾能够减量化与无害化。由此可知，要想解决城市垃圾问题就必须走城市生活垃圾分类处理的道路。通过合理分类，将可以再次被利用的垃圾变成资源，被二次利用；有危害的垃圾被特殊处理，保障其不对环境造成危害，进而保护人类。

但是，当前我国很多城市还没有实现生活垃圾分类，其在处理垃圾的过程中还是进行混合收集，这使得垃圾的量迅速增多，垃圾无害化处理难以实现。这是因为混合收集垃圾时，非常容易混入危险的废物（如废旧电池、废油等），从而加大了垃圾的处理难度。与此同时，我国人均资源占有量远低于世界平均水平，更应重视垃圾混合处理造成的资源浪费。

关于如何将作为资源的垃圾进行有效的回收利用，循环经济理论在垃圾管理中有着一定的理论指导意义。循环经济理论的理论价值主要在于引导管理者综合考虑环境承载力，从源头上减少垃圾，并对其进行合理的分类，建立完善的循环利用系统。对生活垃圾进行分类能够提高垃圾处理的效率，降低垃圾处理的难度，如将可燃垃圾进行焚烧发电，对可降解的有机垃圾进行堆肥等。垃圾分类和资源化处理是发展循环经济的重要抓手，也是循环经济的重要组成内容，将有效减少不必要的资源损耗，充分利用资源，促进循环经济的发展。

3.2.3 基于循环经济推行城市生活垃圾分类的具体策略

处理城市生活垃圾，应从源头上加以控制，在城市环境管理的同时重视循环经济的发展，运用智能化技术及设备实现城市生活垃圾的资源化。基于循环经济推行城市生活垃圾分类意义重大。具体策略包括引入创新理念，细化垃圾分类的智能化设备；激发居民参与的积极性、设立奖励机制；从智能化角度，解决分类设备归类错误问题；引入举证责任倒置模式，做好监督与管理工作；等等[45]。

（1）引入创新理念，细化垃圾分类的智能化设备

引入创新理念，将传统垃圾分类转变为智能化分类，是城市生活垃圾分类的必然趋势。毕竟，城市生活垃圾的传统分类方法对居民的自律性及自觉性要求极高，一旦居民的自律性及自觉性偏低，就会导致生活垃圾分类现状不乐观。为此，城市生活垃圾智能化分类，应细化智能分类垃圾的设备，让一种智能垃圾分类设备只能对应回收一种特定的废弃物。更加精细的垃圾分类设备会让居民在投放垃圾时更容易理解操作步骤，从而更加细化和彻底地进行垃圾分类，提高城市居民整体的生活水平。

（2）激发居民参与的积极性，设立奖励机制

居民的参与行为是城市生活垃圾智能化分类是否成功的重要影响因素之一。为引导居民更加积极地参与城市生活垃圾的智能化分类，应激发居民参与的积极性。以设立奖励机制的方式引导居民下载垃圾智能分类软件（App），当居民正确投放垃圾后能积累个人积分，并对积分进行兑换，如兑换洗手液、香皂、纸巾等生活用品。这一奖励机制可以激发居民更加积极地参与城市生活垃圾分类工作，并提升城市生活垃圾智能化分类的有效性。

当然，如果在人口流动量非常大的城市进行生活垃圾智能化分类，积分和兑换的作用可能不太明显。这就需要社区管理人员了解社区住户的基本信息，掌握住户的生活习惯，并掌握居民投放垃圾的实时情况，鼓励和宣传表现非常好的住户，并对表现不好的住户进行专门的垃圾分类教育，确保社区垃圾分类工作到位。

（3）从智能化角度，解决垃圾分类设备归类错误问题

一般来说，城市居民生活垃圾主要是厨余垃圾和其他垃圾，厨余垃圾的危害极大，容易产生恶臭和腐烂，并影响到城市居民生活。为更好地做好城市生活垃圾的智能化分类，应从智能化角度，及时地解决分类设备归类错误的问题。对使用垃圾智能分类软件（App）的每家每户设置用户二维码，在生活垃圾分类时需要提供二维码表明垃圾丢弃者的身份，然后严格按照垃圾分类的程序进行垃圾分类。智能回收机要具备收集其他垃圾和厨余垃圾的功能，同时也要在垃圾回收机中设置 X 光检测机，以对垃圾种类进行检测。居民提供用户二维码后，智能垃圾箱投放入口开启，居民在相应的垃圾箱里放入垃圾，最后结束垃圾分类，关闭垃圾投放入口。当垃圾分类正确时，可以对居民的账户进行积分积累和信用积累，可关联居民个人信用档案等，这样就会大大提高城市生活垃圾智能化分类的效率。

（4）引入举证责任倒置模式，做好监督与管理工作

城市生活垃圾智能化分类设备的正常运转，离不开大数据的支撑。以社区为例，当居民没有依据垃圾分类的标准投放垃圾时，就要在 App 上把这些垃圾分类的信息反馈给该用户，给予警告，若二次违规就要对该用户进行罚款惩罚。当用户多次没有进行分类处理垃圾，应依据举证责任倒置的方式，强制性要求用户进行垃圾分类，并给予该用户行政处罚。政府机

关和企事业单位也要自觉地进行垃圾分类，以确保城市生活垃圾智能化分类工作的顺利进行。对单位区域的生活垃圾而言，就要对投放单位进行专门的用户二维码设置，确保单位员工在垃圾投放时的规范性和合理性。一旦单位员工不按照规定投放生活垃圾，单位应追踪投放单位找出投放者，对其实施罚款。

综上所述，我国城市生活垃圾分类工作相对来说比较烦琐和复杂，要想在循环经济下做好这一工作，应进行前瞻性的规划与思考。首先应做好垃圾分类的宣传工作，引导全民参与，并在政府的强制性干预下，使得垃圾分类深入人心，并成为居民的一种生活习惯；其次应走市场化路线，秉承循环经济发展理念，提高垃圾分类和回收的价值；最后应把垃圾分类看作循环经济发展的一种形式，积极地运用智能化技术及智能化设备，做好城市生活垃圾的智能化分类，才能实现城市生活垃圾的高效分类及促进我国城市循环经济的发展。

第4章　制度经济与垃圾分类

4.1　制度经济学概述

4.1.1　基本概念

制度指人际交往中的规则及社会组织的结构和机制。制度经济学是把制度作为研究对象的一门经济学分支。它研究制度对于经济行为和经济发展的影响，以及经济发展如何影响制度的演变。制度经济学的研究始于美国经济学家 T. 凡勃仑的《有闲阶级论》，新制度经济学起源于罗纳德·科斯的《企业的性质》，科斯的贡献在于将交易成本这一概念引入了经济学的分析中，并指出企业和市场在经济交往中的不同作用。近 30 年来，新制度经济学是蓬勃发展的经济学的一个重要分支。

4.1.2　发展过程

制度经济学的起源可追溯到 19 世纪 40 年代以 F. 李斯特为先驱的德国历史学派。历史学派反对英国古典学派运用的抽象、演绎的自然主义方法，而主张运用具体的、实证的历史主义方法，强调从历史实际情况出发，强调经济生活中的国民性和历史发展阶段的特征。19 世纪末 20 世纪初，在美国以 T. 凡勃伦、J. R. 康芒斯、W. C. 米切尔等为代表，形成了制度学派。尽管制度学派并不是一个严格的、内部观点统一的经济学派别，但制度学派的经济学家们，基本上都重视对非市场因素的分析，诸如制度因素、法律因素、历史因素、社会和伦理因素等。其中尤以制度因素为甚，强调这些非市场因素是影响社会经济生活的主要因素。因此，以制度为视角研究经济问题，首先要求确立以人与人之间的关系作为研究的起点，而不是以人与物的关系作为起点。在他们看来，制度经济学所研究的是活生生的、不确定的人，因而无法以一个确定的、总量的标准，对整个经济活动做出衡量。正如威廉姆森所说，研究视角的改变推动了诸如产业组织、劳动经济学、经济史、产权分析和比较体制等领域中实证和理论研究的结合——这种结合是有用的，并带来了制度主义的复兴。这是制度经济学在方法论方面的一个显著特点[46]。

尽管制度学派是以反对主流经济学为旗帜的，但它强调的"立足于个人之间的互动来理解经济活动，首先确立以人与人之间的关系作为研究的起点，反对以一个确定的、总量的标准对整个经济活动做出安排"的研究思路，却可以追溯到主流经济学的鼻祖——亚当·斯密的理论。我们知道，亚当·斯密发表了《国富论》这一不朽著作，开创了现代经济学的先河；同时，他还发表了著作《道德情操论》，分析了人与人之间关系的微妙和不确定性，认为人与人之间的关系取决于人的情感，而不同的情感又源于人的不同想象。由此他提出，维系和处理人与人之间关系的最佳经济运行方式是市场，因为市场没有违逆人与人之间的这种情感和想象，市场是人的情感不确定性的集合和体现。当然，主流经济学在之后的发展过程中，一味地对市场进行所谓的科学分析，逐渐把市场描述为一架精巧的可预测的机器，从而背弃了斯密关于市场不确定性的思想和研究思路，则是另外一个问题了。

4.1.3 制度经济学发展的意义和启示

制度经济学不仅以其独特的理论思想和理论特色，在整个现代经济学体系中引人注目，而且它所运用的研究方法也颇具特色。更进一步讲，在近一个世纪的时间跨度中，制度经济学在研究方法论的演化轨迹和发展趋势，也颇为耐人寻味和引人入胜。起初，制度经济学无论在理论思想上还是在方法论上，都以"离经叛道者"的形象出现，强烈反对主流经济学的研究方法。这个过程经历了从 T. 凡勃伦到 J. K. 加尔布雷斯的几代人的传承。他们强调制度分析，强调非经济因素，强调人的选择的不确定性，强调整体和规范研究方法，等等。然而，自科斯引入"边际分析"方法，运用交易成本概念对制度展开研究之后，制度经济学无论在方法论方面还是在理论思想方面，都发生了转折性变化。变化的趋势不是日渐远离主流经济学，而是趋于相同，以至于在一些经济学家看来，自科斯以后的新制度经济学是可以被主流经济学所接纳的，甚至能够被归并到新古典经济学中去。科斯制度分析方法的微观化和具体化的倾向，道格拉斯·诺斯以成本－收益分析方法研究制度创新和制度变迁，两者更具有新古典色彩。

分析以上制度经济学在研究方法论方面呈现出的显著特点及其演化轨迹与发展趋势，给了我们三点重要启示。第一，研究方法的选择、运用和创新是为经济学理论的发展进步服务的，二者之间是手段与目的的关系；第二，研究方法具有相对独立性，一种方法可以为多种理论研究所运用，一种理论也可以使用多种方法；第三，研究方法的创新往往成为理论突破的启动按钮和关键环节，一种新的研究方法的引入往往可以为理论研究开辟新的领域，促成新的研究成果。也许可以说，制度经济学的进一步发展，有待在方法论上运用跨学科的研究方法和研究成果。正如道格拉斯·诺斯所说，制度经济学还有更多的研究工作要做，特别是应当更重视跨学科研究和经济以及其他社会现象之间的联系。

4.2 制度经济学在中国的发展

制度经济学在中国进行经济制度改革之初就引起了相关学者的注意，主要被用于分析中国的经济现象，以期为中国的改革找到理论依据。我国经济学家对制度经济学的关注是从对所有权的关注开始的。中国的国企改革刚开始是沿着"两权分离"的思路进行的，随着改革的深入，学者开始研究在中国建立现代公司制的问题，产权才进入大部分经济学家的视野并成为新制度经济学的核心概念之一。新制度经济学和旧制度经济学虽然都重视制度对经济效率的影响，但二者仍然存在区别：旧制度经济学对经济问题的分析主要是从法律、文化等逻辑的角度分析；而新制度经济学由于引进了"交易费用"的概念，将制度问题纳入古典经济学的分析框架，进而使得用制度因素对经济问题的分析可以实现形式化、模型化。

新制度经济学认为制度就是规则，不是我们传统意义上所理解的政治或经济制度，传统上所理解的制度是政治或经济体制意义上的。制度这一概念是在"规则"这一意义上被制度经济学家使用的[47]。新制度经济学家把制度分为正式制度和非正式制度两种类型。正式制度是指人们有意识地创造出来并通过国家等组织正式确立的成文规则，包括宪法、成文法、正式合约等；非正式制度则是指人们在长期的社会交往中逐步形成并得到社会认可的一系列约束性规则，包括价值信念、伦理道德、文化传统、风俗习惯、意识形态等。正式制度具有强制性、间断性特点，它的变迁可以在"一夜之间"完成。而非正式制度具有自发性、非强制性、广泛性和持续性的特点，其变迁是缓慢渐进的，具有"顽固性"[48]。在生活中，正式制度只占整个社会约束的一小部分，人们生活的大部分空间还是由非正式制度来约束的。用非正式制度可以解释我国社会生活中的许多现象，因为我国传统上是一个伦理社会，缺乏契约传统，伦理文化因素在社会生活中起着十分重要的作用，渗透在社会生活的各个方面。

如今，"制度"这个概念的使用率越来越高，大量的制度经济学著作被译介到我国。我国已成立了多家制度经济学研究中心，并定期举办制度经济学年会。制度经济学将在我国的经济体制改革中发挥越来越重要的作用。

4.3 制度经济学视角下的垃圾分类

垃圾分类制度的构建必须以积极主动的态度吸取理论成果。实现生活垃圾分类，必须全面做到有法律保障、技术支持、管理跟进、民众参与。我国进行垃圾分类已经有 20 多年，虽然取得了一定成绩，但总体发展缓慢，主要原因在于没有完成技术层、立法层、组织层、观念层的"四合一"制度形式，垃圾分类制度的构建没有考虑经济效益、政治效益与社会效益的产出，也就无法从完整意义上真正建立起来。2010 年 1 月，广州市掀起了轰轰烈烈的垃圾分类高潮后，短短的两年时间内就不断遭遇民众对垃圾分类问题法制、技术、管理保障等方面的质疑，民意中对于目前垃圾分类能够产生的效果大部分不持乐观态度。这种现象也不同程度地存在于其他试点城市。这就意味着，广州市在垃圾分类制度构建方面的工作还需努力。

民众对垃圾分类的质疑归根结底在于没有看到地方政府在垃圾分类制度构建中对政治效益、经济效益和社会效益产出的重视，这种质疑进而影响到文化效益的产出，即垃圾分类无法成为一种高度自觉的环保方式。当然，在民众的质疑和意见建议下，目前我国城市垃圾分类制度的构建正朝着更加人性化、合理化、科学化的方向发展。但有一点政府必须清醒地意识到，这一制度完善的发展进度指标在于政治效益、经济效益和社会效益，必须注重这些效益的产出，否则所构建的垃圾分类制度是不稳定的，甚至可能前功尽弃。①

（1）必须注重政治效益产出

垃圾分类制度的构建，首先必须在法律制度上做足功夫，即保证良好的政治效益。以广州市垃圾分类制度的构建为例，2000 年广州市被建设部列入全国首批 8 个垃圾分类试点城市之一，之后广州市市容环境卫生局主编了《城市生活垃圾分类及其评价标准》，由建设部作为国家行业标准颁布实施。随后，广州市又印发了《广州市生活垃圾分类收集工作方案》和《垃圾分类标志和分类方法》，将生活垃圾分为可回收物、大件垃圾、有害垃圾、餐厨垃圾和其他垃圾五大类。2011 年《广州市城市生活垃圾分类管理暂行规定》经市政府第 13 届 130 次常务会议讨论通过，并于同年 4 月 1

---

① 曾利梅，江小琴.新制度主义社会学与新制度经济学理论整合应用研究——以垃圾分类制度构建为例［J］.北华大学学报（社会科学版），2012（4）：54-57.

日起全面施行。从以上情况来看，广州市政府在法律规章制度的构建上还存在缺陷。

关于这一问题，2010年6月西安建筑科技大学教师余洁在接受慧聪环保网的采访时提出，在垃圾分类法制建设上，广州市政府还有六大法律问题待解。一是垃圾分类相关法律不健全，因此在现实中，垃圾分类得不到很好的遵守和执行。二是基本法定位不清。他认为应将《中华人民共和国循环经济促进法》，而不是《中华人民共和国固体废物污染环境防治法》作为垃圾分类的基本法，原因在于垃圾分类和回收的目的是要促进资源的回收利用，坚持的应是循环经济理论中减量化、再利用和再循环的理念，而《中华人民共和国固体废物污染环境防治法》的核心理念是污染防治和末端处理。三是配套法律、法规不足。四是地方性法规不到位。如内容过于笼统，缺乏法律责任的规定等。五是针对性、可操作性差。国家、地方、企业和个人在城市生活垃圾分类法律中应负的责任和应尽的义务模糊不清。六是缺乏政府和政策扶持。如对废品回收者、小区物业公司等在垃圾分类中有特殊地位的主体缺乏一定的奖励和优惠政策。以上提出的所有法律问题，均需要政府相关部门积极给予解决，政府必须发挥好自己的政治角色，树立起民众对垃圾分类制度的信心。

（2）必须注重经济效益产出

垃圾分类制度的经济效益，主要针对垃圾分类回收与处理（包括循环利用与环保清除）环节，这不仅指的是技术层的支持，也指管理层的跟进。随着新公共服务理论的发展，行政服务与公共服务也越来越关注经济效益，即以更低的成本提供更好的服务。

作为一个新的理念，垃圾分类覆盖政府的所有职能服务。获得垃圾分类制度的经济效益，关键在于技术支持。必须对现有的国内外垃圾分类处理方法进行利弊分析，还必须对这类技术进行不断研发。此外，良好的管理也是提高经济效益的重要元素。因此，真正好的经济效益产出，是建立在技术与管理双管齐下的基础上的。来自香港的政协委员王宽达曾以企业家的身份对广州市的垃圾分类提出意见。他说，垃圾怎么回收、金属怎么处理、纸类和木类是出售还是交由机构配送、做些什么产品等，如果这些后勤工作没做好，垃圾最后还是混在一起处理，那么居民分类的积极性也就被"浇灭"了。《南方日报》社论也提出，在分类流程都已很完善的情况下，从个人到家庭各自分担垃圾分类责任的压力传导模式自然是无可厚非。问题在于，生活垃圾从产生到收集再到运输处理等环节，仍有脱节。即使在一些垃圾分类试点社区，混装收集垃圾也仍是常态。这不仅会打消市民参与的动力，也使得这块短板相当刺眼。显然，管理也是不容忽视的环节。因此该媒体最后指出，合理提升终端垃圾处理能力（即技术支持能力）是必要的，但不该形成唯一的路径依赖。粗放式的垃圾收集亟须改变，针对垃圾环卫的全流程整合、排放权交易等一揽子方案更该早日提上日程。

（3）必须注重社会效益产出

垃圾分类制度构建中产出的社会效益，与制度构建的政治效益、经济效益有关。只有当政府注重制度构建的政治效益与经济效益，让民众看到制度的可行性和美好前景，民众对垃圾分类制度构建的认同率和参与度才会提高。激发社会参与垃圾分类的积极性，除了大力宣传垃圾分类的意义，还要积极树立榜样，更要全力将垃圾分类的益处辐射到民众身上。简而言之，就是多挖掘垃圾分类的积极影响，让民众乐而为之，而不是迫而为之。

政府作为垃圾分类的推广者，首先要做好垃圾分类的践行者。政府、官员的榜样作用，对民众有极大的影响。因此，政府必须平衡好自身责任与民众义务，否则将引起民众的反感。对于积极践行垃圾分类的各类单位，政府也应给予适当的奖励，可以有多种形式，如政策扶持或资金补助等。在宣传教育方面，由学生到家长的模式可以产生不错的效果，因此学校是一个非常重要的宣传阵地。目前，有些社区物业为鼓励业主进行初步垃圾分类，会将可回收垃圾卖给废品回收站，收益除用于社区环保活动外，还购买学习用品，分发给社区内的小朋友，从而提升住户分拣垃圾的积极性。以上这些措施，均有助于在垃圾分类制度的构建中产生积极的社会效益。在社会效益的挖掘上，必须要采取集思广益的方式，通过听证会、网络、电话等多种途径促进群策群力的良好局面的形成[48]。

　　垃圾分类制度的构建是一个长期的过程，其中的政治效益、经济效益、社会效益将会随着时间而不断发生变化。如果这些效益没有惠及民众，制度构建就是一句空话。只有当这些效益积累到一定程度，促使这一制度真正产生良好的文化效益，成为一种文化理念，它的构建才算真正完成。

专栏 4-1　瑞典生活垃圾分类制度管理经验及启示

　　瑞典是世界上在垃圾处理方面具有最先进水平的国家之一，瑞典的垃圾回收率达到了99%。瑞典的垃圾循环利用已经发展成为一个产业，除处理本国垃圾之外，每年瑞典还会进口80万t垃圾，用于冬季供暖。瑞典政府制定了到2020年前实现覆盖所有垃圾管理层面"零垃圾"的愿景。这一切均得益于瑞典完善的制度保障和领先世界的垃圾管理系统。

一、完备的法律和独特的制度体系

20 世纪 90 年代，瑞典政府通过立法出台法律监督机制。1994 年，瑞典政府出台的《废弃物收集与处置条例》，详细规定了瑞典生活垃圾的分类、收运与处理，是瑞典生活垃圾分类的开端；1999 年，瑞典政府出台的《环境保护法典》（*Environmental Code*），规定了生活垃圾管理的总原则、生活垃圾的基本概念以及政府在管理生活垃圾方面的职责，成为监管生活垃圾的主要法律。

瑞典的生活垃圾处理原则是以资源化、减量化为终极目标，实现最大限度的循环使用，并以能源化为导向，最小限度地进行填埋处理。作为欧盟成员国，瑞典的垃圾处理遵循《欧盟垃圾框架指令》（*EU's Waste Framework Directive*），并按照优先级分成 5 种层级：减少垃圾的产生、回收再利用、生物技术处理、焚烧处理、填埋处理。在完备的法律基础上，瑞典已形成一系列有效的垃圾管理制度，包括城市垃圾强制规划、"生产者责任制"、生活垃圾征收填埋税制度、严格的垃圾填埋制度（包括禁止未分类的可燃垃圾和有机垃圾填埋）、食品垃圾生化处理目标。

二、各方主体责任明确

地方政府、生产商和公民是瑞典垃圾回收处理的三大主体。

1. 地方政府承担垃圾管理的主体责任，负责城市生活垃圾的回收处理

瑞典于 2017 年生效的《关于废物预防和管理的城市废物指引》（*Guidance on Municipal Waste Plans for the Prevention and Management of Waste*）进一步明确了市政府在城市垃圾管理中的责任。根据瑞典法律，

所有公共行政机构都有责任处理废物问题，特别是城市规划管理局、城市发展管理局、交通管理办公室和市区管理局。瑞典各市政府有义务制订本市的废物管理计划，并承担收集和处理生活垃圾的责任，也可以颁布本市的垃圾废物和卫生条例及财政措施。

2. 生产商负责回收、处理自己生产的产品

1994 年，瑞典政府创立"生产者责任"制度。瑞典法律规定包装物、轮胎、纸张、电池、电子产品、汽车的生产商必须回收、处理自己的产品。该制度对生产者和消费者的行为都进行了相关规定，即生产者应在其产品包装上详细注明产品被消费后的回收方式，对产品产生的垃圾进行回收处理。

3. 居民承担垃圾分类和垃圾付费责任

消费者有义务按照说明对产品消费后产生的垃圾进行分类并送往指定回收处。瑞典《环境保护法典》第 29 章第 7 节规定，瑞典居民因为故意或者过失在公众场所乱扔垃圾将可能面临罚款并处以不超过 1 年的监禁。瑞典居民也需缴纳垃圾处理费用，包括固定费用及附加费用。截至 2017 年，瑞典已经有 30 个城市引入基于重量的垃圾收费机制。2017 年瑞典单户家庭的平均年垃圾收费额为 2 128 瑞典克朗（每天约为 5.83 瑞典克朗）。

三、采取公私合作模式，拥有全国统一的回收体系

瑞典自 1984 年起就对易拉罐进行回收并实施押金制度，目前已建立由市场机构运营的全国统一的易拉罐、饮料瓶和玻璃瓶回收体系。由包装公司、啤酒制造业协会、食品连锁公司成立的 Returpack 是一家非

营利机构。瑞典所有的易拉罐饮料生产企业必须在 Returpack 注册并提供产品条码信息。Returpack 在公共场所都设有自动回收机,消费者可将废易拉罐、饮料瓶放进专用回收机。回收机能够自动识别易拉罐上的条码信息,按照押金金额当场返还消费者一定金额的有价凭证,消费者可用该凭证在此销售点支出或兑现。饮料销售商负责将回收机收集的易拉罐、塑料瓶运送至 Returpack 公司的处理场,经过分类、压扁、打包后,交给饮料生产商并进行登记,根据数量向销售商返还给消费者的押金及处理费用,打包的饮料瓶再由生产商送到熔炼工厂熔化后做成铝锭材料,然后运送至生产厂重新加工成包装产品。

自 1994 年推行"生产者责任"制度后,瑞典开始积极拓展公共和私营部门的合作。1994 年,瑞典工商界行业协会和一些大包装公司共同创建 REPA 机构来服务企业。企业仅需缴纳会费成为会员,REPA 就可以代企业履行垃圾回收职责。为不给中小企业增添负担,年营业额在 50 万瑞典克朗以下的小企业可免交回收费。瑞典五大回收公司都是非营利性企业,依靠企业的会费和回收包装再利用的收益维持运营,获得的资金收入用于在全国建立和维持一个完善的分类回收体系并开展包装回收知识宣传等活动。加入 REPA 的企业可在包装上使用"绿色标志",以此向消费者及产品供应链上的买家证明自己的环境表现。

资料来源:杨君,高雨禾,秦虎.瑞典生活垃圾管理经验及启示 [J].世界环境,2019,178(3):68-72。

第5章　行为经济与垃圾分类

5.1　行为经济学概述

5.1.1　基本概念

行为经济学作为实用的经济学，它将行为分析理论与经济运行规律、心理学与经济科学有机结合起来，以发现现今经济学模型中的错误或遗漏，进而修正主流经济学关于人的理性、自利、完全信息、效用最大化及持续偏好等基本假设的不足。狭义而言，行为经济学是心理学与经济分析相结合的产物。

5.1.2　发展过程

传统的西方经济学建立在"理性人"假设的基础上。所谓的理性人，是指既会计算、有创造性并能追求最大利益的人。卡尔·布鲁内认为，"理性人"假设是进行一切经济分析的基础。然而以"理性人"假设作为主要基石的传统西方经济学理论在一些理论推演过程中不断陷入"瓶颈"，与此同时，传统经济学理论在解释及指导现实经济生活时往往表现得欲振乏力。

20世纪80年代以后，以理查德·泰勒为首的经济学家，从进化心理学获得启示，认为大多数人既非完全理性，也不是凡事皆从自私自利的角度出发。以此为理论基础，专门研究人类非理性行为的行为经济学便应运而生。行为经济学形成于1994年，哈佛大学经济学家戴维·莱布森，从心理学和行为角度探讨了人类的意志和金钱，把经济运作规律和心理分析有机组合，研究市场上人类行为的复杂性。现在，经济学正式承认，人也有生性活泼的另一面，即人性中也有情感的、非理性的、观念引导的成分。从斯密、李嘉图、马克思、马歇尔到凯恩斯，几乎所有伟大的经济学家都将复杂的心理学纳入自己的研究之中。

行为经济学可以帮助解释为何繁荣时期经久不衰，而衰败时期难以扭转。他们的研究成果揭示了为什么人们的特征在经济中扮演着一种巨大的、往往是破坏性的角色。莱布森、穆拉伊特丹是当今经济学家中冉冉升起的明星。这一代经济学家正在逐步使行为经济学融入主流理论之中。

5.1.3 行为经济学的主要研究观点

行为经济学主要用于反驳及拓展解释传统经济学提出的人类行为的"三个有限性"观点，即无限理性、无限控制力和无限自私自利[49]。然而这个观点仍有待继续修正。

首先，"经济学假设个人具有稳定和连续的偏好，并用无限理性使这些偏好最大化"，这种假设过于简单。新古典经济学为了保证个人选择的理性行为，提出完全性、传递性和反身性等公理。而在实践中，人的选择行为并不符合这些公理，而且是经常违背这些公理的。人在进行经济活动过程中并不是绝对理性的，他们往往会存在过度自信、盲目乐观等非理性现象。此外，它认为人们在进行抉择时往往对事件结果的发生概率有一定的预判，并会根据不同的预期进行经济决策。

其次，理性经济人假定每个人都具有无限意志力追求效用最大化。在经济实践中，人们往往知道何为最优解，却因为自我控制意志力方面的原因无法做出最优选择。人们往往是基于短期利益而非长期利益做出选择的。

最后，理性经济人假定人类是有限的、自私自利的。人类的生活经验和社会实践表明，利他主义、社会意识、公正追求的品质和观念也是广泛存在的，否则无法解释当代志愿者、环保运动等社会现象，无法解释许多超额奉献和献身精神，无法解释人类生活中大量存在的"非物质动机"或"非经济动机"。

行为论者认为，经济学中研究的人类行为并非都是卑鄙的，除了维护自身利益外，人类心理中还有一些位置是留给利他主义、忠诚、公平和回报愿望的。各种实验结果表明，这些品质很常见，它们很好地解释了环保运动和志愿者的工作，以及职工在市场所要求付出的劳动之外对自己日常任务的额外的辛勤奉献。

5.2　行为经济学视角下的垃圾分类

垃圾分类是人类的一种行为选择。显然从行为经济学的视角分析非理性人垃圾分类行为更加符合人性活动的实际，更加有利于垃圾分类的困境研究。

5.2.1　垃圾分类低效性原因分析

（1）城市居民自愿合作的脆弱性

城市居民自愿合作的脆弱性导致垃圾分类的低效率。行为经济学认为，非完全理性经济人普遍存在两个特质：互惠意识缺乏和个体偏好异质性，这两种特质在垃圾分类行为中也有所体现。互惠总与合作联系在一起，而垃圾分类也是考验人们合作能力强弱的一项重要任务。但是大部分居民缺乏互惠意识，因此自愿合作往往是脆弱的。

在处理垃圾分类问题上究竟是选择经济惩罚还是经济激励，由于个体偏好具有异质性，似乎单单注重某个政策都会导致垃圾分类的低效性。有证据显示，随机组成的群体中，异质性会使合作变得更加脆弱。以公共物品为例，假设所有人都具备对公共物品的需求，但是公共物品的供给只能通过私人捐赠形成，我们把这种捐赠视为人与人之间的互惠合作。然而，总有一部分人不进行捐赠，却能享受到他人捐赠的公共物品，在经济学领域这种行为被称为"搭便车"。当群体意识到"搭便车"现象存在时，原本计划捐赠的人会因心生不满而减少捐赠数量甚至取消捐赠计划。这便说明群体中的自愿合作是非常脆弱的。在垃圾分类这一行为中，城市居民互惠意识的缺乏和个体异质性偏好主要表现在以下三个方面：

一是大多数居民没有意识到自己的行为对他人的影响，存在随处扔垃圾以及把未分类的垃圾扔到已分类的垃圾桶里的现象，影响城市居民垃圾分类的整体效率，造成垃圾分类处于一个低效的状态。

二是行为人的意志和理性是有限的，有限意志会使人习惯于重复过去的行为。同时，行为人也存在自控问题，在决策的初期他们总能保持耐性，但是随着时间的推进，他们就会因为缺乏耐性而放弃垃圾分类。

三是社区的居民由于个体偏好异质性，不同生活背景、不同文化背景、不同环保意识的居民对待居民垃圾分类持不同的观念，存在偏好差异性。文化程度高、环保意识强的居民刚开始是由自我意识支配自我行为，不是以理性经济学中完全利己主义来支配的，存在一定的利他行为。但是由于生活在同一个环境中，一些文化程度低、环保意识差的居民，存在很强的利己主义，不愿意改变自身习惯，也不愿意为环境做任何改变，再加上对于目前的垃圾收费制度，很多居民是存在反抗情绪的。因此，个体偏好差异没有达成一致，会造成垃圾分类的低效性。

（2）城市居民的相互作用

城市居民垃圾分类通常是以社区为单位的，而社区通常是由若干社会群体或社会组织聚集在某一个领域所形成的一个生活上相互关联的大集体。在这个大集体里进行垃圾分类肯定存在群体效应。群体效应是指个体形成群体之后，通过群体对个体的约束和指导，群体中个体之间的作用，就会使群体中的一群人，在心理上和行为上发生一系列变化。群体效应通常包括群体助长效应、群体致弱效应、群体惰化效应、群体趋同效应和从众效应，其中群体致弱效应是指群体之间相互作用会产生消极的效应。在垃圾分类中群体致弱效应主要表现在三个方面：

一是社会相互作用效应。垃圾分类最终的目的是很好地实现垃圾源头治理，给末端治理带来便利，节约能源。但是，垃圾分类这一行为不是单单靠某一个人就能完成的，它必须是任意一个行为主体相互合作的结果。学者们大多提出政府、市场与社会合作的治理路径。治理是一种系统性的运作过程，它需要通过行为者之间的互动发挥作用，这些行为者之间有着明确的统治层级，并且彼此间的行为可以相互影响。治理不仅仅是一种制度设计，还是一种对既有制度进行阐释，并且创造合作关系的策略行动过程。要做好垃圾分类需要从制度、教育、宣传等多方面着手，经过政府、市场的力量，政府、企业、公众多方努力，才能促进垃圾分类的实施。作为垃圾分类的行为主体——居民，作为垃圾分类的行为单元——社区，社会相互作用最为明显。不同生活背景、不同行为习惯、不同经济基础的居民生活在同一个社区，其行为是相互影响的。

二是群体结构的相互作用效应。群体成员的结构可分为不同的方面，如年龄结构、能力结构、知识结构、专业结构、性格结构以及观点、信念结构等。生活在同一个社区的居民，其在年龄结构、知识结构、专业结构、性格结构以及观点和信念结构方面存在很大的差异，必然会产生群体结构的相互作用。年龄较高的群体相对于青年群体垃圾分类能力较差，知识水平高的人要比知识水平低的人更加容易参与垃圾分类活动中去，同时环保意识强的群体要比环保意识弱的群体更加容易进行垃圾分类。当这几个群体集合成一个团体时，其相互作用的结果会是怎样，由现在的垃圾分类成果就可以看出，即群体的相互作用造成了垃圾分类的低效性。

三是流动人口的致弱效应。流动人口在中国产业转型中占有重要的地位、发挥重要的作用，构成了影响经济发展与社会稳定的重要因素。对于垃圾分类，流动人口由于来自世界各地，其垃圾分类知识、习惯存在很大的差异，对当地垃圾分类情况的认知也比较差，所以在一定程度上会造成垃圾分类的低效性[49]。

（3）城市居民信念教育的缺失

城市居民信念教育的缺失使垃圾分类的低效性成为可能。所谓信念教育，就是通过宣传教育使垃圾分类这一外在行为内在化，变成一种内在自动形成的行为作用机制。据报道，虽然垃圾分类已进行多年，但很多城市仍然存在"单个垃圾分不清扔哪里，遵循就近原则""袋装垃圾可谓五花八门想扔哪个垃圾桶就扔哪个垃圾桶""垃圾分类后处理还不配套"等问题，分类垃圾桶实则形同虚设，大家丢弃垃圾还是很随意，由此说明，目前我国垃圾分类的行为作用机制尚不成熟，信念教育还不够到位。

信念教育的缺失主要表现在以下几个方面：一是垃圾分类重制度设计而轻信念教育。关于垃圾分类，政府部门、环保部门总是想方设法地制定各种各样的政策来促进城市居民进行垃圾分类。但是有些垃圾分类相关政策过于形式化，而缺少真正有关垃圾分类的核心教育。由于个体偏好差异化，单一的经济政策是不能达到全面的作用的，必须重视垃圾分类的信念教育才能使垃圾分类这一源头治理政策渗透到居民的日常行为中。二是垃圾分类信念教育的不平衡性。目前，有关垃圾分类的教育多停留在中小学层面，对成人有关垃圾分类的教育却是极少的，造成了代际教育的不平衡，很难达到垃圾分类的传承，而代际相互影响必然导致垃圾分类的低效性。三是没有充分运用电视、广播、网络、报纸等传播手段。新闻媒体应通过公益广告大力宣传垃圾分类。在当今这个功利主义至上的社会，商业广告在电视、广播、网络以及报纸上随处可见，但有关垃圾分类的公益广告却很少出现。四是社区垃圾分类宣传教育不到位。社区作为垃圾分类这一行为的首要单位，很多时候也只是停留在完成任务的层次上，没有鼓励居民进行垃圾分类的动力。

5.2.2 行为经济学视角下垃圾分类做法建议

垃圾分类起步晚、见效慢，又由于垃圾是唯一一个不断增长的资源，所以解决垃圾分类问题迫在眉睫。具体做法如下：

（1）对待垃圾分类要奖惩结合，而不仅仅是奖励或者惩罚。由于个体偏好异质性，单一的奖惩政策可能会降低居民垃圾分类的积极性。

（2）宣传教育要有针对性，而不是简而化一的"大锅饭"形式。由于群体结构的相互作用，宣传教育要针对特定的群体给予特定的宣传教育，使群体间趋向于积极的相互作用。

（3）加强信念教育。城市生活垃圾的分类收集需要广大居民的积极支持和配合，各种新闻媒体应通过公益广告加大教育力度，宣传垃圾分类回收的意义、可回收垃圾的类别及价格等；中小学应设环保课，内容涉及城市垃圾的资源化、减量化和无害化；家长要有意识地让孩子参加家庭垃圾的分类回收活动；大学也应把生态环境保护，包括垃圾管理法规作为公共课，并配合知识问答有奖竞赛、演讲会、辩论赛、诗歌朗诵会等各种灵活多样的形式加以宣传，引导大学生争当环保的"带头人"。

（4）垃圾分类行为的强制性制度设计，使私人生活逻辑符合公共行动规则的总体要求。通过惩罚、强制、监督等方式，对垃圾分类主体的行为进行设置，实现垃圾分类行为由外向内得到影响与控制。

（5）正确指导流动人口，加大政府对流动人口的宏观调控能力。对流动人口及时进行垃圾分类知识的宣传教育。

专栏 5-1　日本垃圾分类精细化管理经验及启示

初到日本的外国人，都会为其叹为观止的垃圾分类所折服。日本的垃圾分类有以下几大特点。

一是分类精细，回收及时。最大分类有可燃物、不可燃物、资源类、粗大类、有害类，这几类再细分为若干子项目，每个子项目又可分为孙项目，以此类推。此前横滨市把垃圾类别由原来的五类细分为十类，并给每位市民发放了长达27页的手册，其条款有518项之多。

德岛县上胜町已把垃圾细分到44类，并计划到2020年实现"零垃圾"的目标。在回收方面，有的社区摆放着一排分类垃圾箱，有的没有垃圾箱而是规定在每周特定时间把特定垃圾袋放在特定地点，由专人及时拉走。例如在东京都港区，每周三、周六上午收可燃垃圾，周一上午收不可燃垃圾，周二上午收资源垃圾。

二是管理到位，措施得当。外国人到日本后，要到居住地政府进行登记，这时往往就会领到当地有关扔垃圾的规定。当你入住出租房时，房东也会在交付钥匙的同时一并交予扔垃圾规定。有的行政区年底会给居民送上来年的日历，上面一些日期上标明黄、绿、蓝等颜色，下方说明每一颜色代表哪天可以扔何种垃圾。在一些公共场所，也往往会看到一排垃圾箱，分别写着纸杯、可燃物、塑料类。每个垃圾箱上都有日文、英文、中文和韩文四种语言。

三是人人自觉，认真细致。养成良好习惯，非一日之功。日本人自幼就从家长和学校那里受到正确处理垃圾的教育。如果不按规定扔垃圾，就可能受到政府工作人员的说教和周围舆论的压力。日本居民扔垃圾真可谓一丝不苟，非常严格：废旧报纸和书本要捆得非常整齐，有水分的垃圾要控干水分，锋利的物品要用纸包好，用过的喷雾罐要扎一个孔以防出现爆炸。

分类垃圾被专人回收后，报纸被送到造纸厂，用以生产再生纸。很多日本人以名片上印有"使用再生纸"为荣；日本商品的包装盒上就已注明了其属于哪类垃圾，牛奶盒上甚至还提示：要洗净、拆开、晾干、折叠以后再扔。

如今垃圾分类已成为世界性的潮流，垃圾分类对于一向勤俭持家的中国人并不陌生。也许你还记得20世纪五六十年代回收废品的情景：牙膏皮攒起来回收，橘子皮用来制药，生物垃圾用来堆肥，废布头、墨水瓶等都能得到再利用。分类后的垃圾，既避免了垃圾公害，又为工农业提供了原料。

　　如今我们的生活好了起来，于是我们便不再稀罕卖破烂换回的那几毛钱。勤俭节约，废物利用，这是中华民族的传统美德，现在却在丢失。我们每个人都是垃圾的制造者，又是垃圾的受害者，但我们更应是垃圾公害的治理者，我们每个人都可以通过垃圾分类来战胜垃圾公害。

　　资料来源：吕维霞，杜娟.日本垃圾分类管理经验及其对中国的启示［J］.华中师范大学学报（人文社会科学版），2016，55（1）：39-53。

第6章 垃圾分类与资源化利用的经济环境分析

6.1 经济手段在垃圾管理中的作用

　　垃圾外部性的存在使市场价格无法正确反映环境资源的稀缺程度，导致资源分配的无效率。价格机制的基本作用是告诉消费者生产一个产品的费用是多少，同时告诉生产者、消费者在其支付意愿的基础上对产品作出的相对评价是什么。价格调节机制将决定市场对这种产品的供需，并保持在一个均衡的水平上。但是对于具有公共物品属性的环境资源却难以体现出价格，缺乏市场价格机制的协调，因而造成环境物品和服务的过度使用。具体到垃圾问题，垃圾的排放者并没有因排放垃圾而支付环境费用，造成大量垃圾任意排放，给环境带来十分不利的影响。这时，在私人成本和社会成本之间出现了差异，这个差异就是垃圾外部性导致的。当存在外部影响时，私人成本低于社会成本，造成私人效益偏大，而社会效益遭到损失。

　　然而，并不是说因为垃圾外部性的存在，自由市场环境就不能消除外部性的影响，提高环境的质量。有两种方式可以改变市场条件，保证环境服务能够有效地进入市场机制，弥补社会成本和私人成本的差异，消除或减少外部性对资源配置的影响，达到社会成本的内在化。第一，明确产权、建立市场；第二，制定政策、矫正市场。在城市固体废物的例子中，可以采取向排放垃圾的家庭和企业征收一定的费用，也可以向生产者或废物流中的对环境影响显著的某种产品征收，这种类型的管理方法称为基于市场的刺激方法，与涉及环境标准和目标明确的、直接的命令控制管理方法相对。如果明确向消费者征收垃圾排放费用，那么消费者可能会通过改变购买决策（如降低商品购买数量），重复使用商品，或者当不再需要某一商品时将其出售给二手回收商，从而获取一定的经济补偿，将增加的垃圾处理费用内部化。生产者通常不能将他们增加的处理费用强加在消费者身上，因为要冒丢掉市场份额的风险，所以不得不严肃考虑回收，改进加工和产品设计。

虽然从理论上讲，经济手段能够将废物产生和管理的所有社会成本完全内在化，但不一定总能实现。例如，如果通过填埋场自然降解的费用是不可知的，那么矫正废物处理税收就不可计算。这时政府就有必要决定废物处理的最高水平，制定一定的目标。环境政策经济方法的优点是通过价格机制寻求改变人们的行为。有关垃圾减量化管理的具体经济政策很多，包括计量用户收费制、产品收费、押金返还制度、回收补贴、原生材料税等。具体介绍可见第 7 章内容。

6.2　垃圾分类与资源化利用的经济关系

现代社会本身就是经济社会，经济是各种社会现象和关系的基础，几乎所有问题都可以从经济的视角进行解释或寻求解决方案。因此，对于垃圾问题，我们也可以尝试利用基本的经济学原理找到最佳解决方案，即寻找在成本最低的情况下获得最佳收益的解决途径。

经济学最根本的关系就是需求与供给的关系。在垃圾回收中，也蕴含着需求与供给的基本关系，且这种关系可以通过价格的调节实现对垃圾数量及回收率的有效控制。简单来讲，就是基于垃圾的可回收性，通过人为抬高垃圾的回收价格即废品收购价格来提高垃圾的回收价值，从而通过价格的刺激作用促进废品收购市场中废品的供给量，再通过政府价格补贴保证与供给量相均衡的回收量即需求量，最终提高垃圾的回收率。

通过经济学手段促进垃圾回收必须满足三个基本条件：

一是垃圾中可回收部分的真实存在。垃圾中存在有利用价值的资源是垃圾回收物质供应的存在前提。

二是存在垃圾的供给方，即在价格的刺激下有足够的社会资源尤其是劳动力资源和垃圾处理企业的介入，这些社会资源的介入是保证在价格的刺激下将垃圾回收这一需求增加，真正变成实际供给增加的另一重要条件。目前我国经济已由高速增长阶段转向高质量发展阶段，在追求经济发展的同时坚持生态优先、促进绿色发展。尽管人们的生活水平和环保意识正在不断提高和增强，但是仅仅依赖法律强制和道德规范来实现对公共资源的保护和公共领域的垃圾治理依然存在一定困难。因此，在垃圾回收过程中，对垃圾供给方施以物质性的经济刺激是有意义的。同时，我国城市中有大量的闲散劳动力，他们由于职业素养低、就业能力差、长期处于失业和半失业状态，如果提高废品的收购价格并扩大废品收购范围，将直接吸引这些人员进入垃圾搜检和回收行业中，使他们成为垃圾回收环节中重要的供给方，从而保证价格刺激在垃圾市场中的最初反应。

三是存在垃圾的需求方，应用经济学原理解决垃圾回收问题的关键是需求方，即废品的最终收购方。我国目前的垃圾回收还没有真正的大企业介入，都是些小型的废品收购站对零散的垃圾进行收购，然后通过直接卖给企业来盈利。这些废品收购企业的经营内容、废品收购价格只遵循基本的经济规律，即以价格和利润为导向，遵循市场经济基本的竞争和淘汰规律。虽然这些企业并不被大多数政府和市民关注和认同，但其存在却是在目前政府没有完全承担回收责任、建立完善和系统的垃圾处理机构之前垃圾回收的重要力量。而且只要对他们进行适当的价格补贴，保证其利润不受影响，增加垃圾收购量是可以实现的。

综上，在以经济利益为主要刺激因素促进垃圾的回收策略中，垃圾回收价格抬高之后针对垃圾收购方即需求方的价格差价补贴就成了问题的焦点。因为在没有人为的介入之前，垃圾的搜检、收购和出售仅仅遵循经济原则，其收购价格是市场调节的均衡价格，垃圾回收量也是均衡量。而如果要增加垃圾的回收率，必须人为打破这种均衡，通过提高垃圾回收价格刺激供给量的增加，并且要保证供给量最终被需求方购买即转化为需求量和成交量，才能最终实现垃圾回收率的增加[50]。

6.3 垃圾分类与资源化利用的经济模型

我国城市垃圾处理的普遍方式是居民将垃圾费交给市政管理部门，由它们负责垃圾的清运和处理，随着垃圾回收增加需要处理的垃圾量及污染减少效益外溢，政府部门是效益外部化的主要受益者。因此，可由政府部门将节省的垃圾处理及污染治理费用通过货币补贴的方式对废品收购企业进行补偿。通过价格补贴抬高废品回收价格进而吸引社会闲散劳动力和民间资金进入垃圾回收产业，提高垃圾回收率、减少环境污染，促进了社会和生态效应的增加及社会资源的有效利用，整个社会总效应进而增加[53]。

　　应用经济学中价值影响规律促进垃圾回收的原理可通过下面的模型来说明。该模型能较好地反映价格对垃圾回收率的刺激作用，如图 6-1 所示曲线，D_1 与 S 代表的是废品收购市场正常的即没有政策干预之前的废品需求曲线与供给曲线。其中，D_1 的斜率为负，代表废品的需求方即收购方对废品的需求量与价格成反比，即价格升高时其需求量减少；而 S 的斜率为正，代表废品的供给方（垃圾捡拾者）对废品的供给量（捡拾量）与价格成正比，即价格越高其供给量越大；P_1 为市场的成交价格，即均衡价格，在此价格水平上废品的需求量与供给量相等，市场出清。这一均衡为完全的市场经济条件下的均衡，废品需求、供给及成交价格完全由市场控制。如果要增加垃圾回收率，就必须打破这种均衡，人为提高废品回收价格，将价格由 P_1 提高到 P_2，此时首先做出反应的是供给方，废品的供给量增加，供给量在供给曲线上向右移动，供给量从 Q_1 增加到 Q_2，如果要保持市场的平衡，就必须使废品需求量也随之移动，但在完全的市场经济条件下，价格升高会使其需求量减少，要保证其需求量增加，就必须对其价格进行补贴，即通过政府补偿的形式补贴。因为价格上升而导致的需求企业成本上升，其补贴的货币数量应为（P_2-P_1）×（Q_2-Q_1）。表现在模型上为废品需求曲线在同样的价格水平上其需求量增加，即向右平移了 Q_2-Q_1。只要能保证政府价格补贴正好等于废品回收价格的上涨，整个市场仍然可以达到均衡。

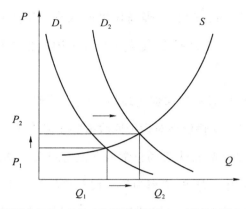

注：D_1：价格刺激之前的废品收购市场需求曲线；S：价格刺激之前的废品收购市场供给曲线；D_2：价格刺激之后的废品收购市场需求曲线。

图 6-1　垃圾回收经济模型分析

这一模型能简单地解释通过价格刺激促进垃圾回收率增加的原理，从整个社会总成本和总收益的角度来看，并没有造成实际处理成本的增加，政府补贴给废品收购企业的费用来源于垃圾回收率增加所节省的处理费用，居民不需要缴纳更多的费用，相反从垃圾回收增加所减少的环境污染中得到了外溢的效益，社会闲散劳动力有了更多的就业和收入机会，废品收购企业增加了营业量而受益，整个社会围绕垃圾回收实现了共赢，社会总效应增加。

如果政府增加对废品回收企业的补贴力度，并对利用可回收物质进行生产的企业实行优惠政策，如税收减免、价格补贴，则有希望催生更多的社会资金进入垃圾回收产业，实现市场经济对垃圾回收产业的培植和优化。另外，我国大多数城市居民均有卖废品的习惯，即把垃圾中可回收的东西分拣出来卖给废品回收小贩，废品回收价格上涨必然会刺激居民对垃圾的自主回收，以经济为驱动促进市民回收垃圾的自觉性。综上，以经济刺激为动力就吸引了城市居民、垃圾捡拾者、废品回收小贩以及废品回收企业等社会力量更多地进入垃圾回收产业，实现整个社会综合效应的增加。这一过程可通过流程模型来说明（图6-2）。

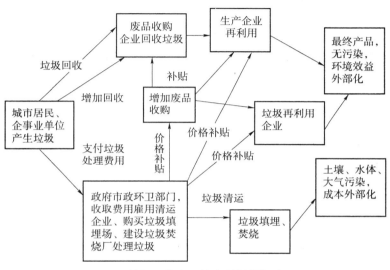

图6-2　垃圾回收实现社会效益增加流程图

6.4　垃圾污染经济损失的估计

6.4.1　垃圾污染经济损失的估计方法

一般而言，环境污染经济损失的估计，主要是通过统计污染给生产、生活以及生态环境等方面造成的影响，进而计算经济损失实现的，通常采用工农业生产损害费用、人体健康损害费用和生态损害费用等指标来表征。其中，工业生产损害费用主要指工业生产过程中因污染物质排放而带来的经济损失费用；农业生产损害费用主要指由于环境污染造成农业生产水平下降、造成减产的损失费用；人体健康损害费用指由于环境污染造成人体疾病所产生的经济损失费用，包括医疗费用和误工成本等；生态损害费用指生态破坏的经济损失或环境的舒适性资源的损失等。对于垃圾污染经济损失的评估，首先需要分析垃圾排放活动对环境的影响，即垃圾的排放导致了哪些方面环境质量的变化，然后判断这些环境质量的变化对受纳体的影响范围和程度，并进一步将这种影响做出货币估计；最后在环境质量变化和用货币表示的受纳体损益之间建立定量关系，由此可以得到垃圾污染的经济损失估计值。

由于垃圾污染的数据难以取得，并且环境质量变化对受纳体的许多方面的影响都难以通过货币来衡量，所以按照上述理论方法不容易直接全面估计垃圾的污染损失。通常可以采用一些间接的环境经济评价方法，例如通过估计人们对防止污染措施的支付意愿，或对污染现状接受赔偿的意愿来估计垃圾污染的环境损失。在众多环境经济评价方法中，针对垃圾污染经济损失的估计，通常可以应用以下几种方法：用生产率变动法估计垃圾对农田污染的经济损失；用防护费用法估计垃圾污染的损失；通过资产价值法分析房产价格变化与垃圾污染的关系；用意愿调查法估计垃圾污染的损失。

（1）用生产率变动法估计垃圾对农田污染的经济损失

生产率变动法是指通过因环境质量变化而引起的相应商品市场产出水平及价格的变化来衡量环境价值变动的方法。侵占土地、损害土壤是垃圾污染的主要环境影响之一。垃圾的排放占用大量土地导致耕地减少，环境质量下降会造成农作物减产，而农作物是具有市场价值的，因此可以根据农作物产量下降以及价格变动的幅度来估算垃圾占用农田的经济损失，进而反映垃圾污染对农田环境质量的影响。

（2）用防护费用法估计垃圾污染的损失

防护费用法是指用人们为预防或治理环境污染而采取措施的费用支出，作为污染的经济损失估计值。垃圾污染造成大气、土壤和地下水的污染，可以通过计算恢复原来环境质量所需的防护费用来估计损失。这样，人们采取预防措施或治理垃圾污染的投资可以作为垃圾污染引起经济损失的最低估计值。防护费用法得到的损失估计一般为最低值，因为人们对预防措施的支付不太可能包括全部的效益损失，同时还可能受到可支付资金的约束。

（3）通过资产价值法分析房产价格变化与垃圾污染的关系

房产价格的变化可以在一定程度上反映垃圾对于舒适性环境资源的损失。这一点可以用人们不愿意住在垃圾填埋场附近的事例来说明。有学者曾经做过研究，以证实垃圾填埋场的建设降低了资产费用，结果表明，每远离垃圾填埋场 1～2 英里[①]，房产升值约 6.2%。

（4）用意愿调查法估计垃圾污染的经济损失

意愿调查法是指，通过对消费者直接调查，了解消费者对环境改善的支付意愿或他们对环境质量损失的接受赔偿意愿。意愿调查法应用于有关垃圾污染经济损失评估的研究较多，例如，有学者曾对美国田纳西州 150 个家庭做过调查，结果显示，居民愿意为避免填埋场在住所附近而支付 227 美元 / 年的费用，愿意支付金额的大小随家庭收入、受教育程度以及饮用水依

---

① 1 英里 ≈ 1.609 km。

赖于地下水的程度而增加。专栏 6-1 是一个有关意愿调查法对垃圾污染经济损失评价的案例。

专栏6-1　一种意愿调查法对垃圾污染经济损失的评价

　　无费用选择法是意愿调查法的一种，它是指通过直接询问来确定个人在不同数量物品之间的选择，然后用选择提供的定量数据推断出被访者的支付意愿。无费用选择法可以用来估计垃圾污染的经济损失。

　　现要对某城市的一个垃圾堆放场进行填埋处理的效益进行评价。堆放场位于贫困区，分析时首先确定这个垃圾场对环境的危害范围，然后对该范围的住户随机取样调查。询问时首先要详细描述垃圾场的环境影响（臭味、苍蝇和老鼠等），然后提出两个方案供个人选择，一个是每年给补偿款；另一个则是进行垃圾的填埋处理，使其危害降低90%。如果某人选择了垃圾污染削减方案，那么就意味着减少 90% 危害的价值至少等于被放弃的补偿款。如果再给出一个更高的补偿款时，没有一个人选择垃圾污染的削减方案，那么就意味着减少 90% 危害方案的最高价值将低于这个补偿款。访问调查的结果见表 6-1。

表 6-1　减少 90% 危害和补偿款之间的无费用选择决策

访问人数 / 人	补偿款 / 美元	选择人数 / 人	
		选择减少 90% 危害	选择接受补偿款
10	5	10	0
10	15	5	5
10	25	0	10

从调查中可以看出，当补偿款为 5 美元时，10 人都将选择 90% 的危害削减方案，说明改善垃圾场的个人最低效益为 5 美元。当补偿款提高到 25 美元时，全部 10 人都放弃削减方案，说明 90% 的削减方案最高个人效益将低于 25 美元。

6.4.2　垃圾污染经济损失分析

以上分析了几种关于垃圾污染经济损失评估方法及其应用，其中多数方法在国外已经有比较深入的理论探讨和经验研究，而中国对这方面的研究还比较薄弱。由于环境质量经济评价技术本身就是环境经济学的一个难点，用于估计垃圾污染的经济损失更缺乏足够的经验，而中国垃圾污染方面的数据又十分缺乏，因而目前中国对垃圾污染经济损失的估计还难以做到定量，但上述提到的几种垃圾污染经济损失评价方法都值得尝试。这里就中国的具体实际，对几种常用的评价方法在中国的应用做初步分析。

首先考察生产率变动法估计垃圾对农田污染的经济损失。这是一种比较符合中国实际的估计方法，城市生活垃圾占用耕地的现象在中国比较普遍，因垃圾污染引起农产品数量和质量下降的情况很常见，因此可以普遍提供基本的数据；另外，这种方法的操作也比较简单，只要确定每亩耕地可种植作物的数量和农产品的价格，就可以估计出垃圾对农田污染的经济损失。需要注意的是，这种方法仅仅估计垃圾污染对农业生产这一个方面的影响，并不能代表垃圾污染经济损失的全部。此外，这种评价方法本身存在的问题和局限性也会影响评价结果的准确性，例如，农作物产量的下降是否仅仅受到垃圾污染这一种因素的影响，如果不是，则该方法对垃圾污染造成经济损失的估计结果是偏高的；再如，农产品的价格是否形成于一个有效的、没有扭曲的市场，如果存在显著的消费者剩余，则有可能导致对垃圾污染经济损失的过低估计。

用防护费用法估计垃圾污染损失的方法也是值得考虑的。垃圾污染造成了环境的破坏，而恢复这些环境质量是要付出代价的。例如，1983 年夏季贵阳市哈马井和望城坡垃圾堆堆放场所在地区，同时流行痢疾，其原因是地下水被垃圾场渗沥液污染。后来对附近工厂和居民饮用水取样检验发现，大肠杆菌值超过饮用水标准 770 倍以上，含菌量超标 2 600 倍。为消除地下水污染，当地市政府关闭了这两个垃圾场，并投资 20 万元集中建立专门的污染治理设施。这笔治理费用就可以作为该地区垃圾污染造成经济损失的最低估计值。需要注意的是，防护费用的支出可以用不同方式衡量，它可以采取上例的办法，即用集中建立专门的污染治理设施的费用来衡量；也可以通过计算受影响者为消除垃圾污染危害而自行采取措施的费用支出总额来确定，如受影响者个人在家中安装净水装置的费用。由于对污染采取了防护措施也难以真正恢复原来的环境质量，所以防护费用法对垃圾污染经济损失的估计仅仅是一个最低值。

通过资产价值法分析房产价格变化与垃圾污染的关系，可以反映垃圾污染的损失。资产价值法应用的基本条件是存在一个可自由交易的资产市场。目前，中国房地产业的改革正在逐步展开，一个自由的可交易的市场正在形成，并走向成熟。人们在选择房产的过程中会考虑房产所在地垃圾污染情况，这就为资产价值法评价垃圾污染的环境影响提供了一定的依据。但是资产价值法评价技术比较复杂，数据需求量大，特别是对房地产市场运转是否顺利以及活跃程度有较高的要求，因此目前在中国还难以用这种方法评价垃圾污染经济损失。

用意愿调查法估计垃圾污染的经济损失在国外有不少应用，但这种方法本身也需要较多数据信息，而且需要精细设计调查内容，并对调查结果做出专门的解释和研究，因此操作难度也比较大。更重要的是，意愿调查法评价结果的准确性与被调查者的环境意识密切相关。尽管我国居民普遍环境意识有所提升，但是个体间依然存在很大差异。而意愿调查法主观影响过强，因此目前还不适用于评价我国垃圾污染的经济损失。

以上总结了几种应用于垃圾污染经济损失评价的常用方法，并就各种方法在中国的实用性进行了分析[36]。垃圾污染经济损失评价的目的在于，将垃圾污染的环境影响进行量化，进而为各种相关决策提供依据。在垃圾减量化的研究中，分析垃圾污染的环境影响及其经济损失有重要意义，它不仅可以为判断垃圾减量政策带来多少环境效益提供较为准确的数据，更重要的是能够为确定最佳垃圾减量化水平提供可靠依据。尽管对我国垃圾污染的环境影响缺乏足够准确的经济损失评价，就目前我国城市生活垃圾的无害化处理处置状况而言，可以得到这样的基本认识：由于垃圾污染对环境的影响显著，在这种背景下实行垃圾的减量化将极大改善我国的环境污染状况，具有巨大的环境效益潜力。

第7章 生活垃圾管理的经济政策

7.1 生活垃圾管理经济政策发展阶段梳理

国外垃圾管理政策研究开始于 20 世纪 70 年代后期，随着垃圾分类管理实践的发展而日益丰富。西方学界关于生活垃圾的管理大致分为三个主要阶段，具体如表 7-1 所示。

表 7-1 西方学界关于垃圾管理的主要阶段

研究阶段	代表人物	研究主题
20 世纪 70 年代	美国亚利桑那大学威廉·L. 拉什杰（William L. Rathje）博士创立垃圾学	垃圾收费和末端无害化处理
20 世纪 80 年代	提出标记和压缩算法，使垃圾收集总时间显著减少	以源头减量化为主
20 世纪 90 年代以后	对英国城市居民循环利用行为进行了研究	循环经济视角下的垃圾资源化和减量化问题

20 世纪 70 年代，美国亚利桑那大学威廉·L. 拉什杰（William L. Rathje）博士创立垃圾学，主张通过收费和末端无害化处理进行垃圾管理[51]。80 年代，相关学者发现垃圾管理应以源头的减量化为主。从 90 年代起，部分学者才开始以循环经济的视角研究垃圾的资源化和减量化，通过建立分析模型对垃圾管理政策的效果进行验证[52]。这些政策主要有：以收费、征

税和补贴为主的环境经济政策，如计量用户收费制、产品收费、押金返还制、回收补贴、原生材料税等；以命令－控制型为主的管理政策，如垃圾分类回收、最低再生含量标准、回收率标准以及生产者责任原则等。

7.2 城市生活垃圾管理中的收费政策

7.2.1 垃圾收费政策的相关概念

环境收费是指污染者对产生的污染支付的费用，是"污染者付费"原则最直接的体现。环境收费制度是环境管理中应用最为广泛的经济手段，因此垃圾收费政策也是垃圾管理中普遍使用的一项经济政策。环境收费有排污收费、使用者收费、产品收费（包括税收差异）等多种方式，它们与垃圾收费政策有一定联系。因此，在明确垃圾收费政策的具体含义之前本书需要先行介绍其他收费形式[36]。

（1）排污收费

排污收费是指对向环境排放污染物的排放者根据排放污染物的数量和质量征收费用。排污收费的应用领域非常广泛，包括向空气、水体、土壤排放污染物或产生噪声等许多方面，它的特点是针对污染物的排放事实进行征收。在经济学含义上，排污收费的实质是对所排放的污染物引起的外部损失和有关环境容量资源的经济租金的补偿和支付。在固体废物排污收费实践方面，主要针对工业固体废物。中国的固体废物收费是自1982年起在全国范围内对工业有毒有害废渣、电厂粉煤灰和其他工业废渣进行排污收费开始的。

（2）使用者收费

使用者收费是指有关部门为污染物排放单位提供一定的污染物收集服务和治理设施，根据需要处理的污染物数量和质量情况，向使用集中收集服务和治理设施的排污单位收取费用。使用者收费的对象主要是水和固体废物。使用者收费的收费率是根据污染物收集和处理系统的总开支来确定的，而不是针对直接进入环境的污染物收费，这一点与排污收费有所不同。排污费的数额与对环境所造成的损失有关；而使用者收费仅与废物的收集处理成本有关，与污染对环境所造成的损害无直接关系。

（3）产品收费

产品收费是对某些产品征收的，这些产品的生产或废弃或消费对环境造成了危害。产品收费的基本作用是通过提高对环境不利的产品的价格，相对降低对环境较为友好的产品的价格，减少对环境影响较大的产品的生产和消费，从而降低废物数量或减轻污染的程度。产品收费率与单位产品对环境的危害有关，产品对环境的危害越大，收费率越高。需要注意的是，产品收费是对产品即将产生的潜在危害收费，而不是对已经产生的危害的数量和程度收取的，这一点与前两种收费形式不同。

7.2.2 垃圾收费政策的界定

垃圾收费政策与排污收费、使用者收费或用户收费和产品收费等几个概念都有一定的联系。其一，居民住户作为污染源，应该对排放的垃圾支付环境费用。但是居民垃圾与工业废物不同，需要一个收集、运输和集中处理的过程，因而垃圾收费政策首先针对垃圾收集、运输和处理处置服务的费用，为垃圾的收集和处理增加收入。实际上就是使用者收费或者用户收费。其二，考虑到垃圾在处理过程中对环境的影响，可以征收垃圾处置费或者税，这与收取排污费类似，是对需要处理的垃圾进行征收的，例如典型的填埋费或填埋税。与用户收费不同，垃圾处置费或处置税不是一种服务收费，其收入用于一般预算或专用于更广泛的环境开支，例如对废物处理和再循环利用进行补贴等。其三，有时还可以对垃圾中有害物质进行收费，从而为有害废物的处理增加收入，类似于产品收费。综上，垃圾收费有广泛的含义，一般可以分为用户收费、填埋税费、产品收费三种不同含义的垃圾收费政策。

（1）用户计量收费制度

在用户收费中，应用最为广泛的是用户计量收费制，即按照垃圾排放量收费。用户计量收费制有两种常见类型。一是按照实际测出的排放量收费，通常是对家庭产生的垃圾按照重量或者体积进行计量。按照体积计量更为常见，如依据标准容器、收集袋等。如果按照重量进行征收，需要提供专门的具有计量装置的垃圾运输车，成本较高。取得垃圾产生量数据后，再根据政府制定的价格，计算征收垃圾的管理费用。二是按照与垃圾排放相关的参数来收费，如按照用水量。值得注意的是，用户计量收费制下对定点投放的、可回收利用的垃圾是不收费的。因此，用户计量收费制能够鼓励回收，刺激源削减，为减少垃圾的排放量发挥作用。

对垃圾用户计量收费制度的研究最早始于 1976 年 Kenneth L. Wertz 在《环境经济学与管理》杂志上发表的题为"影响家庭垃圾产生的经济因素"的一篇文章。他对已执行用户计量收费制度的旧金山市和没有实行该项制度的美国其他城市的平均垃圾排放量进行了比较，推导出用户计量收费额每提高 1% 能够减少 0.15% 的垃圾排放量。然而垃圾计量收费制度的实施会带来垃圾非法处理的问题，为了规避收费，部分用户可能会非法处理垃圾。在存在非法倾倒的情况下，计量用户收费制度获得的效率将大打折扣。因为如果消费者对计量收费的反应是非法倾倒，直接导致的后果就是提升环境外部费用，或者相关的监测和监督费用以及对非法倾倒垃圾的收集费用。

2018年6月，国家发展改革委出台了《关于创新和完善促进绿色发展价格机制的意见》（以下简称《意见》），这是我国首次明确提出垃圾计量收费模式。《意见》在固体废物处理收费政策上提出完善城镇生活垃圾分类和减量化激励收费机制：对非居民用户推行垃圾计量收费，并实行分类垃圾与混合垃圾差别化收费等政策，提高混合垃圾收费标准；对具备条件的居民用户，实行计量收费和差别化收费，具体来说，就是对分类投放垃圾的，可以适当降低收费标准，对不分类投放垃圾的，提高收费标准。计量收费的制度设计，对推进垃圾分类，促进资源节约、环境保护，改善人民群众生活环境具有积极的意义。

（2）填埋税费

填埋是垃圾处置的最终方式。填埋费与填埋税是针对垃圾填埋处理环节的收费政策，两者既有区别也有联系。填埋费是需要填埋垃圾者向负责填埋的企业交纳的费用，是填埋场维持其运转的基础。填埋税是由政府强制征收的，其目的在于刺激废物产生者减少要求处理的废物数量，以便达到更广泛的环境或财政目标而设立的。

通常填埋价格只反映填埋场的直接投资和运行成本。而填埋处理成本除了包括直接运行成本、填埋场地的开发费用（直接投资），还有土地占用资本以及后期开发的费用等部分。

填埋税是在确保填埋费已经全部反映填埋行为的运行成本的前提下进行征收的，征收的主要原因是将填埋运行的外部成本内部化。所谓的填埋运行中的外部成本指的是与填埋处理有关的但是没有包含在填埋费用中的环境费用。填埋场的价格提高可以促使废物的产生者去寻找更具有经济吸引力的、更有利于环境的方式替代填埋处理。

（3）产品收费

产品收费是一种应用比较广泛的环境收费制度，它不仅应用在电池、包装等产品与固体废物相关的管理中，还应用于交通燃料、农业等领域。产品收费是指对环境不利的产品征收的费用。其基本作用是通过提高对环境不利的产品的价格，相对降低其他更能被环境所接受的产品的价格，减少对环境影响较大的产品的生产和消费，从而降低废物数量或减轻污染的程度。产品收费有两个特点：前端性和预防性。所谓前端性是针对收费的时间而言的；预防性是指收费依据的不是污染的实际产生情况，而是污染的潜在影响。

产品收费是一项在污染发生（或废物产生）之前收取的费用，与排污收费相比，即根据排放污染物的数量和程度进行收费的末端方法，产品收费属于前端性的环境管理经济手段，即根据产品所带来的环境的潜在影响，在污染发生之前就预支了环境费用。在垃圾管理方面，产品收费就是指在产品出售前预先支付了产品废弃后的收集和处理费用以及相应的环境费用，而不像垃圾收费制度，发生在产品消费后废弃时才征收。

产品收费制的另一个重要特点是预防性。一方面，产品收费引起的价格的提高，会使消费者支出更多的成本，在存在替代产品的情况下，消费者会降低对产品的需求和消费；另一方面，价格的提高会使该产品失去一

经济视角下垃圾分类与资源化利用

定的竞争力，同样在存在替代产品的情况下，生产者减少供给和生产。因此，消费者面对产品收费，会选择价格相对较低的、对环境的潜在影响小的产品。生产者因产品收费受到刺激，会寻求对环境更负责的产品或包装设计，用对环境有利的产品替代对环境不利的产品。这样，由于减少了对环境不利的产品的生产和消费，所以有效地避免了相应的污染。对于垃圾管理，有效地降低了垃圾产生的数量和对环境的危害程度。

7.3 城市生活垃圾管理中的其他经济政策

7.3.1 原生材料税

原生材料税是对在产品生产时使用的原生材料征收的税额。征税的最终目的在于减少原生材料的使用，支持再生材料的回收再利用，从而减少垃圾的排放数量。理论上，原生材料税的征收可以降低市场对原生材料的使用，从而增加市场对再生材料的需求，降低需要处理的垃圾量，同时提高再生材料的价格，促进再生材料市场发展，鼓励更多人参与回收，提高回收率。

然而相关研究表明，原生材料税的征收并不能有效地鼓励回收，问题的关键在于原生材料的替代品是否存在。对于一些可以使用再生品来替代原生材料的生产企业来说，原生材料税能够鼓励该企业对再生品的使用。而对于没有替代品选择的企业，面对原生材料税，可能会产生两方面的效果：一是容易将这个税费传递给消费者，没有对再生材料的回收起到任何促进效用；二是将刺激技术革命，寻找替代品，这个替代品可以是再生材

96

料，也可以是对环境影响相对较低的原生材料，但如果缺乏对环境更友好的替代品，新技术对环境的影响是否友好是无法确定的。此外，对于根本就不使用原生材料的行为，也不会因对原生材料征税就进一步增加再生材料的使用。

7.3.2　回收补贴

在环境管理领域，补贴的目的在于促使污染者改变其不利于环境的活动，减少环境污染；或帮助在执行环境要求中有困难的企业。补贴一般有如下形式：补助金，指污染者采取一定措施去降低污染而得到不需返回的财政补助；长期低息贷款，是指提供给采用防治污染措施的生产者低于市场利率的贷款；减免税办法，是指通过免征或回扣税金等手段，对采取防治污染措施的生产者给予支持。补贴政策对于鼓励对环境有利的新技术、新发展是有优势的，这也反映了环境政策从末端控制向以预防为主的转变。在废物管理领域，对回收活动的补贴就是旨在促进回收、减少垃圾的一项积极的预防性政策。

7.3.3　押金返还制度

在垃圾管理经济政策中，押金返还制度是一项被众多研究支持的政策。押金返还制度，是指消费者在购买产品时额外支付一定数额的回收押金，产品生命周期结束后消费者将废弃产品返还给指定回收渠道才能退还押金的环境管理手段。押金返还制度有两种方式，一是在商品购买过程中向消费者征收商品包装的押金，此后当消费者返还包装时向其返还押金；二是在商品生产过程中对生产者预先征收包装的预处理费，当商品包装被生产者回收利用时，对购进回收材料的生产者支付相当于预处理费的回收补贴。众多国外研究表明，相对于其他垃圾减量方式，押金返还制度具有较高的效率。

押金返还制度是落实生产者责任延伸制度的重要举措。中共中央、国务院印发的《生态文明体制改革总体方案》要求，实行生产者责任延伸制度，推动生产者落实废弃产品回收处理等责任。发达国家自 20 世纪 90 年代开始，纷纷推行生产者责任延伸制度，对重点品种征收押金，为提高废弃产品的有效回收起到了积极的作用，积累了丰富的实践经验。我国的生产者责任延伸制度体系尚未构建，押金返还制度也未开展探索，在加快推进生态文明建设的背景下，应积极考察押金返还制度在我国推行的可行性与体系框架，探索适应我国国情的押金返还制度。

专栏 7-1　日本垃圾收费制度简介

一、垃圾收费制度简介

日本并没有在全国范围内进行垃圾收费，但是每一年都有新的县推行 PAYT 制度。所谓的 PAYT 制度，即 Pay as you throw，直译过来就是"扔多少垃圾交多少钱"，是一种用来管理城市垃圾的收费模型。在这种制度下，垃圾产生者根据其产生垃圾的数量来向当地政府支付一定的垃圾处理费用。这是近些年才涌现出来的一种收费模式，但是却迅速获得推广。

PAYT 制度具体的收费模式在每个地方都是不一样的，大体上有 3 种形式。

---

1. 完全单位价格制

这种模式通常需要政府预先准备一定型号的垃圾袋、标签、垃圾桶，而居民需按一定单价提前购买上述容器用来收纳其产生的垃圾。

2. 部分单位价格制

实行部分单位制时政府会设定一个免费使用额度，例如 50 个标准垃圾袋。一旦居民使用量超过该额度便需要花费额外的钱购买标准垃圾袋、标签、垃圾桶等。

3. 可变费率定价制

这种模式是根据实际垃圾产生量，通过垃圾的重量或者体积计费。这种计费方式往往需要一定的技术手段来配合，如各种可以直接计算垃圾投入量的智能垃圾桶。

二、日本垃圾收费制度实例简介

具体实施起来，PAYT 制度主要有两种表现方式，即单位计费制（simple unit-pricing programs）和双轨计费制（two-tiered pricing programs）。

单位计费制的最终费用由计费单元乘以单价来获得。通过上文我们可知，PAYT 制度的实施一般会借助事先由政府提供的标准大小的袋子、垃圾箱或者带有居民姓名的便签。这些都可以用作计费单元。举个例子，如果该月产生了 234 袋的垃圾，而每袋垃圾政府收费为 0.2 元，那么需缴纳的总费用就是 0.2×234=46.8 元。当然，实际操作时，不同种类的垃圾，收费可能不尽相同，而政府也可能不会只提供一种标准容量的袋子。日本青梅市实行的就是单位计费制。在青梅市，居民需要提前购买标准大小的垃圾袋，垃圾袋还有不同的颜色用以垃圾分类，而不同垃圾袋则对应不同的收费情况，详见表7-2。

表7-2 青梅市指定垃圾袋的收费情况

	种类	容量/L	费用/日元
可燃垃圾	大袋	40	600
	中袋	20	300
	小袋	10	150
	特别小袋	5	70
不可燃垃圾	大袋	40	480
	中袋	20	240
	小袋	10	120
	特别小袋	5	60
容器包装塑料垃圾	大袋	40	300
	中袋	20	150
	小袋	10	70

双轨计费制较为复杂，一般政府会提前确定一个门槛数量，高于该数量与低于该数量的单位价格会有所区别。低于门槛数量时，某些县不收费，另一些县则采取固定费率（例如，低于150个袋子时，不管用了多少个袋子，收取费用始终为30元）。还有一种特殊的方式也被某些学者看作双轨制，即当使用的垃圾袋数量低于某一个值时，对该居民给予相应的奖励。实施双轨计费制度的，千代田区的收费对象主要是居民家庭大件垃圾和企业及店铺的垃圾。其中，大件垃圾

指的是边长大于 30 cm 且小于 180 cm 的废旧家具等。缴费者需要提前购买垃圾处理券，每一种垃圾的价格有所不同。企业店铺的垃圾收费与居民收费也不一样，对居民只有大件垃圾才收费，而对企业、店铺所有垃圾均实行收费制。

资料来源：参考 Xcleaner 垃圾分类站公众号，作者徐欣仪。

第8章 中国垃圾分类回收问题及建议

8.1 中国垃圾分类回收面临的问题

除试点城市外，中国其他地方采用的依然是混合垃圾收集方式，城市垃圾组成复杂、资源化价值低，不利于垃圾的回收、减量[50]，也增大了城市垃圾的资源化和无害化处理的难度。这是进一步提高回收率的一个主要障碍，因此垃圾分类回收活动势在必行。

消费者是最直接的回收活动的参与者，改革开放以来，尽管人们的生活水平有所提升，但城市中的大部分居民，特别是中低收入的居民，仍然保持着节俭的生活习惯，物品重复使用率较高，收集、卖出废品活动存在一定积极性。与西方国家相比，中国虽然没有对垃圾分类展开大规模的组织工作，但是传统习惯已经使得中国城市居民拥有较高的回收率。随着环保意识的增强，居民对垃圾问题日益重视，这为后续中国城市垃圾分类回收打下了坚实的基础。

然而，中国开展垃圾分类回收和资源化利用仍存在一些问题。

一是分类收集和回收利用的设施建设不配套，垃圾分类收集难以做到分类运输和分类处理。中国城市居民生活垃圾的回收与收运体系是两个独立运营的系统，前者完全通过市场机制调节各类主体的活动，后者则主要是政府运营。一些城市实行垃圾分类试点工作，政府通过垃圾收费等措施激励居民进行垃圾分类。但分类后的垃圾无相应集中收运渠道,与之衔接的环境卫生机构依然混合收集,出现了垃圾先分后混的怪现象。目前中国垃圾分类最大的困难就是清运回收的障碍,最急迫的事情就是尽快建立清运回收系统。分类收集要求环境卫生部门改变过去的垃圾混合运输的状态,对分类后的垃圾配备不同的车辆,运输到不同的目的地,只有对垃圾分别处理,分类收集才有持续运行的保证,分类收集才不会失去意义。

二是垃圾分类实施后需要考虑可再生材料市场的供需问题。分类回收后的一个必然结果将是回收物品数量的增加,其中,可再生材料供给的增加对可再生材料市场的影响将是巨大的。因此,在推行垃圾分类回收的同时,需要加强对再生材料市场需求的刺激。垃圾分类回收后,再生材料市场会出现供大于求的局面,价格会降低并有可能出现商品积压。因为回收的经济环境效益只有在再生品出售后,再次进入经济系统才得以真正实现,所以随着垃圾分类的实施,同时加强对再生材料市场的促进政策是十分必要的,否则垃圾分类回收将难以达到垃圾减量所追求的真正目的。

三是垃圾分类法制滞后,且缺乏可操作性。当前社会通常把垃圾分类投放视为一种公益行为,以鼓励为主。对垃圾分类没有设置基本的底线,法律缺位,缺乏相应的惩罚措施和约束机制。

四是缺乏生活垃圾治理成本费用机制。生活垃圾处理收费制度不完善、收费主体不统一、征收标准过低,收费的强制性和规范性不够强,未能体现"污染者付费"原则。

五是居民垃圾分类认知度不高。当前除了已经开展垃圾分类的试点城市,其他城市居民对于垃圾分类的意识不强,多数居民对垃圾分类知识了解不够全面深入。居民对社区的宣传设施视而不见,不少人存在"事不关己，高高挂起"的心态。

8.2 中国垃圾分类回收与资源化利用建议

在我国，垃圾分类制度的实施已有 20 多年时间，在 2000 年，北京、上海等 8 个城市被确定为全国垃圾分类收集试点城市。随着生态环境保护事业的发展，垃圾分类工作的展开，我国也对这项工作提出了更高的要求：2019 年起，全国地级市及以上城市要全面启动生活垃圾分类工作，2020 年年底，46 个重点城市要基本建成垃圾分类处理系统，多个城市相继实施垃圾强制分类，中国进入了垃圾分类"强制时代"。党的十八大以来，以习近平同志为核心的党中央形成并积极推进"五位一体"的总体布局，全面推进小康社会中重要的一方面就是推进生态文明建设。在生态文明建设中，垃圾分类和资源再利用已经成为我国当下生态环境保护工作的重要方向。

8.2.1 政府层面

我国垃圾分类和资源再利用工作的重要特点是政府主导[53]，因此，要充分发挥中国特色社会主义的制度优势，利用政府的先导性和带动性，带头牵动垃圾分类和资源利用工作，制定相关政策，发挥政府执行和监督职能，结合空间规划总体布局，对生活垃圾无害化处理及资源化利用设施提早布局、明确厂址，按照"统筹功能、合理布局、节约土地"的原则，做好各类垃圾处理设施的总体规划布局，充分挖掘已建成的生活垃圾处理设施周边空间潜力，并在多层次、多环节、多方位支持垃圾分类和资源化利用工作。

（1）引导社会节约意识，普及垃圾分类和资源化利用的知识。节约是中华民族的传统美德，政府应加大对节约的宣传力度，表彰公众人物、公民个人节约行为，加强社会对垃圾分类和资源再利用的重视，在公共频道和公共社交媒体循环展示垃圾分类和资源化利用相关知识，使垃圾分类观念和资源化利用意识进入社会公众生活的方方面面。

（2）制定扶植引领企业和个人实施垃圾分类和资源利用的法规政策。政府的引导作用不可小视，政府出台扶植企业和个人实施垃圾分类及资源化利用的相关法规、政策能够加大对个人和企业的激励作用，促使企业和个人在生活中寻求关于垃圾分类和资源利用的商机，切实发挥政府的引领作用。

（3）放低申请垃圾分类和资源化利用类型企业市场的准入门槛。政府对申请进入垃圾分类和资源化利用类型企业的个人或企业放低准入门槛，能让垃圾分类和资源化利用市场更加活跃，从而将大量的时间和精力集中在对垃圾分类和资源化利用进行研究和探索，为我国生态环境保护事业提供良好的政策支持。

（4）划拨垃圾分类专项资金和资源利用专项资金。在我国，虽然垃圾分类和资源化利用工作已经进行一段时间，但一直处于初级探索阶段，分类工作和资源化利用方法较为简单，没有形成系统成熟的技术和手段。加强对垃圾分类和资源化利用的研究，离不开专业的研究人员，专用的研究设备，设立专项研究资金既是对垃圾分类和资源化利用工作的鼓励，也为该项研究解除了后顾之忧。

（5）对垃圾分类和资源化利用企业实施增值税、企业所得税等税费减免或优惠。税收是政府公共财政最主要的收入形式和来源，而垃圾分类和资源化利用工作是环保事业的重要部分，我国早已有针对高科技、资源保护、环保工作的税收优惠或减免政策，同理，垃圾分类和资源化利用可以考虑受到税法的特殊保护，为我国的资源节约工作做出贡献，响应我国的可持续发展战略。

（6）对垃圾分类和资源化利用专用设备给予政府性补贴。垃圾分类和资源化利用专用设备属于我国生态环境保护事业专项设备，给予政府性专项补贴鼓励企业进行垃圾分类和资源化利用专用设备的购买，将减轻垃圾分类和资源再利用企业的资金压力，为生态环境保护事业做出一定的推动作用[54]。

（7）支持相关高校、科研机构、科研人员对垃圾分类和资源化利用的研究。科学研究在垃圾分类和资源化利用工作中举足轻重、必不可少，而环保类高校、科研机构、科研人员是进行科学研究的重要阵地，支持相关高校、科研机构、科研人员的研究将直接加快我国对垃圾分类和资源化利用事业的研究进程。

（8）完善对垃圾生产、乱丢、乱放的处罚规定，加大对违法行为的处罚力度。近年来，我国在发展经济事业的同时，忽略了生态环境保护事业的匹配发展。2019年税法中环境保护税对水污染物、大气污染物、固体废物缴纳税费的实施，表明我国法律有对向环境中排放垃圾行为的制止和处罚。随着垃圾分类和资源化利用工作迫在眉睫，应加大恶意破坏环境行为的处罚力度，实施此种严重行为者依法受到相应的经济处罚或限制特定生产经营行为。

8.2.2　企业层面

随着我国市场化进程的加快，企业在社会的经济运行中扮演着极为重要的角色，制度的推行也离不开企业的支持，垃圾分类和资源利用也更需要企业主体的介入。对于以盈利为主要目的的企业，垃圾分类也必须与企业这一基本利益切合。广阔的发展前景，具有潜力的市场环境，合理的商业模式，都会使企业形成长期而有效的模式，一方面让参与垃圾分类各个环节的企业都能赚钱，保持长期有效的生命力；另一方面固化我国的垃圾分类和资源利用工作，大力发展环保事业。

（1）我国要在大型企业、环境污染较重地区、特色行业实施垃圾分类和资源化利用工作。自 1978 年我国市场经济体制改革以来，市场在资源配置中逐渐占决定性作用，但依然不可忽视政府的上层建筑角色。由于国有企业、集体所有制企业及国有成分比例较高的企业会受到更强的政府控制，并且这类企业往往承担着必要的政府任务，所以它们更易于听从国家的号召从而实施垃圾分类及资源再利用政策，可以大胆地开展对垃圾分类和资源化利用的探索和实践，为企业后续的垃圾分类和资源再利用工作提供经验和教训，最大化发挥它们的先导作用和榜样作用。

（2）重点关注对环境污染较为严重的城市，集中分类处理城市废弃物。针对以重工业为主的城市（如唐山、邯郸等），要重视引起污染的工业材料、陶瓷材料、混合液体和气体，并对这些工业用材料进行特殊的分类，可循环再利用的材料进行整理回收，不可循环再利用的进行垃圾无害化处理。针对以化工产品、灰粉为主要污染物的石家庄市化工企业，分析化工产品、灰粉的腐蚀性、对人体有害的特殊性，对残留的化工产品进行再反应处理程序，减少环境污染，对于飘浮于空中的气态污染物，实施液化、固化处理，将气体转化为容易处理的液体或固体，集中处理，减少气态污染物对大气的污染。

（3）在企业日常生产经营中，归纳整理企业内部商品材料的流通过程，垃圾和资源的分类和利用也就相对容易。垃圾是放错了位置的资源，我们应该明晰生产流程，逐步找出垃圾的制造环节，对于某一环节的垃圾，能不能用作另一环节的资源，当把垃圾放在合适的位置，也就避免了垃圾的产生，放在另一环节的资源也就进行了再利用，实现企业内部生产经营过程中的垃圾分类和资源化利用。例如，用过的纸张、报纸被专人回收后，送到造纸厂，用以生产再生纸；饮料容器分类回收后被运送到相关工厂，再次加工成为饮料容器，可燃垃圾燃烧后可作为肥料。

（4）新设企业在进行行业的选择时，应充分考虑垃圾分类和资源化利用的优势和特点，历史机遇和发展前景难得，企业应积极参与到生态环境保护事业中来。当前的垃圾分类和资源化利用工作是我国生态环境保护工作的重要组成部分，是我国未来发展的主要方向，将在未来很长时间内引起重视，顺应社会和时代的要求能增大企业的生存机会和发展机会，在未来的市场竞争中获得更多的资源，占据有利的地位，为企业的发展壮大奠定良好的基础。

（5）企业应进行垃圾分类和资源化利用的公益类宣传，承担企业的社会责任。目前，已有相当数量的上市公司在其官方网站展现自己的垃圾分类和环境保护行为，宣传企业努力承担生态环境保护责任的社会形象，为响应国家的生态环境保护理念和可持续发展理念，鼓励有垃圾处理能力的企业，建设具有一定规模和特色的垃圾分类处理和资源回收项目。

（6）加强企业员工主体对垃圾分类和资源化利用的监督机制。企业既是垃圾分类和资源化利用工作的参与者，又是垃圾分类和资源化利用工作的监督者。企业应定期对垃圾分类情况进行检查，并将各部门考核结果与绩效奖励挂钩。在企业内部进行自我监督，有助于把垃圾分类和资源化利用工作落到实处，有计划、有目标地在企业内部开展垃圾分类和资源化利用工作。

8.2.3　居民层面

从经济视角来看，调动居民个人生态环境保护意识的积极性是推进垃圾分类与资源化利用工作的重要着力点。垃圾分类势在必行，工作任务极其艰巨，只有广大社会居民的积极参与才能取得重大的胜利。传统的垃圾处理方式如填埋、焚烧、堆肥等处理方式资源利用率低，经过长时间的探索，我国将居民生活垃圾划分为可回收垃圾、厨余垃圾、有害垃圾和其他垃圾。我们既是垃圾的制造者，也应该是垃圾危害的治理者。目前，我国大多数城市都是根据垃圾的成分构成、产生量、结合本地垃圾的资源利用和处理方式来进行分类。

（1）小区内成立垃圾分类和回收工作小组，每周以"垃圾分类从我做起"为主题，开展专项培训及社会宣传工作，鼓励社区居民进行形式多样的垃圾分类和回收活动，配合小区物业建立厨余垃圾处理示范站，探索垃圾末端处理措施，有组织、有步骤地进行开展垃圾分类和资源化利用工作，根据小区实际，科学合理设置生活垃圾分类收集容器，满足居民的垃圾分类投放回收需要。推进源头垃圾分类投放点和再生资源交投点的融合，更好地发挥环卫垃圾箱房、小压站复合再生资源回收功能[55]。

（2）结合市区住宅小区的位置特点，实行生活垃圾的具体分类，建立和完善各类生活垃圾的转运系统，加强居民生活垃圾的处理能力，合理布局居民生活垃圾的处理场。应明确居民生活垃圾分类标准，并对各项垃圾进行相应的分类处理和资源化利用。

（3）为了调动广大群众的积极性，可在居民社区寻找榜样，基于给予精神奖励的同时，也要重视物质奖励，设置垃圾分类居民先进基金，针对打乱垃圾分类秩序、不配合垃圾分类行为的居民给予罚款处罚。在居民小区物业对垃圾运送并分类处理过程中，尽管无显性收入，但如果居民垃圾分类情况良好的情况下，可将垃圾分类的管理费用用于增加居民的垃圾分类奖励，使垃圾分类与回收、奖励形成一个良性循环，既减轻了垃圾分类的工作量，也推行了垃圾分类制度。在回收资源再利用的过程中，居民可以享受到垃圾分类回收带来的益处，对纸张、塑料、铁器等材料进行分类打包，交给废品回收人员或固定回收点可以换取一定的废品费。

"绿水青山就是金山银山"。我们应该坚持人与自然和谐共生的理念，坚持节约资源和保护环境的基本国策。垃圾分类和资源化利用工作是一项长期而艰巨的任务，事关我国生态环境保护事业的发展以及我国发展大计，需要政府、企业、居民多层次、多环节、多方位的努力，才能使我国生态环境保护事业更上一层楼。生态环境保护事业的发展，一定会为我国整体事业提供良好的保障，助力我国各项事业的腾飞。

参考文献

［1］ERIKSSON O，REICH M C，FROSTELL B，et al. Municipal solid waste management from a systems perspective［J］. Journal of Cleaner Production，2005，13（3）：241-252.

［2］威廉·拉什杰，库伦·默菲. 垃圾之歌［M］. 周文萍，连喜幸，译. 北京：中国社会科学出版社，1999：291-293.

［3］BARR S. Strategies for sustainability：citizens and responsible environmental behavior［J］. Royal Geographical Society，2003（3）：227-240.

［4］保罗·R. 伯特尼，罗伯特·N. 史蒂文斯. 环境保护的公共政策［M］. 穆贤清，方志伟，译. 上海：上海人民出版社，2004：302-310.

［5］廖红，克里斯·朗革. 美国环境管理的历史与发展［M］. 北京：中国环境科学出版社，2006：1-2.

［6］POST J，OBIRIH-OPAREH N. Partnerships and the public interest：assessing the performance of public-private collaboration in solid waste collection in Accra［J］. Space and Policy，2003（7）：45-64.

［7］BUENROSTRO O. Solid waste manage in municipalities in Mexico：goals and perspectives［J］. Resources，Conservation and Recycling，2003（3）：251-263.

［8］王建明.城市垃圾管制的一体化环境经济政策体系［J］.中国人口·资源与环境，2009（2）：98-103.

［9］李正升.城市生活垃圾管制的一体化环境经济政策分析［J］.资源与人居环境，2011（12）：57-61.

［10］吴宇.从制度设计入手破解"垃圾围城"——对城市生活垃圾分类政策的反思与改进［J］.环境保护，2012（9）：51-53.

［11］李金惠.城市生活垃圾规划与管理［M］.北京：中国环境科学出版社，2007：142-186.

［12］仇永胜，王储.推动我国城市垃圾分类法治化探讨［J］.理论导刊，2017（8）：101-104.

［13］蒋冬梅，李琪.城市生活垃圾分类中各主体的权利义务探究［J］.法制与社会，2018（24）：148-150.

［14］王树文，文学娜，秦龙.中国城市生活垃圾公众参与管理与政府管制互动模型构建［J］.中国人口·资源与环境，2014（4）：142-148.

［15］吕维霞，杜鹃.日本垃圾分类管理经验及其对中国的启示［J］.华中师范大学学报：人文社会科学版，2016（1）：39-53.

［16］张紧跟.从抗争性冲突到参与式治理：广州垃圾处理的新趋向［J］.中山大学学报：社会科学版，2014（4）：160-168.

［17］朱凤霞，杨君.城市垃圾处理产业化探讨［J］.四川环境，2004（2）：84-87.

［18］刘静，刘延平，李越川.以产业化和市场化促进城市垃圾处理业的发展［J］.北京交通大学学报：社会科学版，2005（4）：19-22.

［19］王伟.我国城市生活垃圾分类回收市场化初探［J］.数量经济技术经

济研究，2001（9）：19-22.

［20］蒋建国.垃圾分类应以政府引导为主、市场化为辅［N］.中国城市报，2017-12-18（2）.

［21］刘梅.发达国家垃圾分类经验及其对中国的启示［J］.西南民族大学学报（人文社会科学版），2011（10）：98-101.

［22］杨帆，邵超峰，鞠美庭.城市垃圾分类的国外经验［J］.生态经济，2016（11）：2-5.

［23］王莹，金春华，葛新权.国外城市生活垃圾管理借鉴［J］.特区经济，2012（12）：87-88.

［24］陈晓运，张婷婷.地方政府的政策营销——以广州市垃圾分类为例［J］.公共行政评论，2015（6）：134-153.

［25］徐薇.社区社会资本的培育：在参与中成长——以杭州市城市社区生活垃圾分类回收为例［D］.杭州：浙江大学，2013.

［26］姜建生，刘学民，葛姣菊.深圳市垃圾分类减量计划实践模式探究［J］.生态经济，2018（5）：126-131.

［27］胡碧玮，张莹莹.我国城市生活垃圾分类回收的法律探讨［J］.特区经济，2015（12）：134-135.

［28］国家统计局.2019年国民经济和社会发展统计公报［EB/OL］.（2020-02-28）.http：//www.stats.gov.cn/tjsj/zxfb/202002/t20200228_1728913.html.

［29］生态环境部.2020年全国大、中城市固体废物污染环境防治年报［EB/OL］.（2020-12-28）.http：//www.mee.gov.cn/ywgz/gtfwyhxpgl/gtfw/202012/P020201228557295103367.pdf.

［30］於方，王金南，曹东，等.中国环境经济核算技术指南［M］.北京：中国环境科学出版社，2009.

［31］住房和城乡建设部.全国历年城市市容环境卫生情况［EB/OL］.http：//www.mohurd.gov.cn/xytj/tjzljsxytjgb/jstjnj/.

［32］前瞻产业研究院.垃圾焚烧处理将成为未来主流方式［EB/OL］.（2019-05-10）.https：//bg.qianzhan.com/report/detail/459/190510-2a164d80.html.

［33］国家环保总局环境规划院，国家信息中心.2008—2020年中国环境经济形势分析与预测［M］.北京：中国环境科学出版社，2008.

［34］高鸿业.西方经济学［M］.北京：中国人民大学出版社，2007.

［35］董宇翔.信息不对称视角下的垃圾分类监管困境［J］.中国环境管理干部学院学报，2019，29（04）：8-11.

［36］张越.城市生活垃圾减量化管理经济学［M］.北京：化学工业出版社，2004：114-116.

［37］马中.环境经济与政策：理论及应用［M］.北京：中国环境出版社，2010.

［38］CARSON R. Silent spring［M］. Houghton Mifflin Press，1962.

［39］BOULDING K E. The economics of the coming spaceship earth［R］. The Sixth Resources for the Future Forum on Environmental Quality in a Growing Economy，Washington D.C.，1966.

［40］GEORGESCU-ROEGEN N. The entropy law and the economic process［M］. Harvard University Press，1971.

［41］PRIGOGINE I，STENGERS I. Order out of chaos：man's new dialogue with nature［M］. University of Michigan：Bantam Books Press，1984.

［42］NEWBOULD P J, ODUM H T, MCHALE J. Environment, power, and society［J］. American Journal of Public Health，1970，61（1）：314.

［43］PRIGOGINE I. Can Thermo dynamics explain biological order［J］. Impact of Science on Society，1973，23（23）.

［44］吴季松. 循环经济——全面建设小康社会的必由之路［M］. 北京：北京出版社：2003：1-27.

［45］范卫杰. 基于循环经济推行城市生活垃圾智能化分类的策略探讨［J］. 电子世界，2019（19）：52-53.

［46］王腾. 理性、制度与社会网络——传统经济学反思下的新经济社会学理论发展述评［J］. 湖北经济学院学报，2011（6）：20-24.

［47］曹正汉. 无形的观念如何塑造有形的组织［J］. 社会，2005（3）：207-216.

［48］汪秀琼，等. 企业战略管理研究新进展——基于制度经济学和组织社会学制度理论的视角［J］. 河北经贸大学学报，2011，32（4）：16-20.

［49］李冬梅. 城市居民生活垃圾分类低效性分析：一个行为经济学视角［J］. 知识经济，2016（20）：7-8.

［50］王小红，张弘. 基于经济学视角的城市垃圾回收对策与处理流程研究［J］. 生态经济，2013（7）：145-148.

［51］HARRISON G G, RATHJE W L, HUGHES W W. Food waste behavior in an urban population［J］. Journal of Nutrition Education，1975，7（1）：13–16.

［52］APPLEBY K, CARLSSON M, HARIDI S, et al. Garbarge collection for prolog based on wam［J］. Communications of the ACM, 1988, 31（6）: 719-741.

［53］冯莉莉，翁建武.着力提高生活垃圾回收利用水平［J］.浙江经济，2020（10）: 70-71.

［54］杜欢政，刘飞仁，王云飞.全过程成本下的城市低值废弃物补贴核算——以上海松江区为例［J］.南通大学学报（社会科学版），2019，35（6）: 34-41.

［55］孟晋川，马婧，王念伟，等.城市居民参与生活垃圾分类行为研究［J］.中国市场，2020（8）: 116-117.